幸福河湖建设思路研究

何 楠 郭云奇 杨 杰
李文杰 何梦宇 张凯源 著

·北京·

内 容 提 要

幸福河湖建设是践行河湖长制、习近平总书记“节水优先、空间均衡、系统治理、两手发力”治水思路的具体体现，是国家“江河战略”实施的有力抓手，是习近平生态文明思想全面贯彻的生动实践。本书在归纳总结幸福河湖提出背景与顶层擘画部署的基础上，阐述了幸福河湖的定义、内涵及特征，进而从国家、流域、省级、市级、县级等层面对我国幸福河湖建设的实践案例进行剖析，旨在探究幸福河湖建设的战略目标、战略目标实施的原则及其指导意见等。

本书可供关心、关注、志在探究河湖治理问题的广大水利工作者、同仁专家与社会大众参考。

图书在版编目（CIP）数据

幸福河湖建设思路研究 / 何楠等著. -- 北京 : 中国水利水电出版社, 2024. 11. -- ISBN 978-7-5226-2918-6

Ⅰ. X321.2-53

中国国家版本馆CIP数据核字第20243BC450号

书　　名	**幸福河湖建设思路研究** XINGFU HEHU JIANSHE SILU YANJIU
作　　者	何　楠　郭云奇　杨　杰　李文杰　何梦宇　张凯源　著
出版发行	中国水利水电出版社 （北京市海淀区玉渊潭南路1号D座　100038） 网址：www. waterpub. com. cn E-mail：sales@mwr. gov. cn 电话：（010）68545888（营销中心）
经　　售	北京科水图书销售有限公司 电话：（010）68545874、63202643 全国各地新华书店和相关出版物销售网点
排　　版	中国水利水电出版社微机排版中心
印　　刷	天津嘉恒印务有限公司
规　　格	170mm×240mm　16开本　11.75印张　201千字
版　　次	2024年11月第1版　2024年11月第1次印刷
印　　数	0001—1000册
定　　价	**60.00**元

序

幸福河湖惠民富民

华北水利水电大学缘水而生、因水而存、籍水而兴，伴随着新中国水利水电建设事业而发展壮大。学校始终坚守治水兴国初心使命，以服务国家水利水电事业和区域经济社会发展为己任，秉持“情系水利、自强不息”的办学精神，筚路蓝缕，矢志不移，建成为水利特色鲜明，工科为主干，理学、工学、管理学、农学、文学、法学、艺术学等多学科协调发展的大学。学校将坚持以习近平新时代中国特色社会主义思想为指导，以为党育人、为国育才为使命，以江河安澜、水润民生为担当，恪守“勤奋、严谨、求实、创新”校训，实施“质量立校、人才强校、特色兴校、开放活校”发展战略，面向国家和地方重大战略需求，以满足国家水利事业和河南区域经济社会发展需求为导向，培养大量适应国家及地方经济社会发展需求的高素质水利水电人才。当前，学校正奋力迈入跨越式转型发展新阶段，朝着“双一流”大学创建目标砥砺前行，努力为教育强国建设、新时代水利事业和河南经济社会高质量发展贡献华水力量。

为更好地适应国家推行河长制的新要求，2018 年 12 月 1 日，河南省水利厅与华北水利水电大学联合成立河南河长学院。河南河长学院的成立，在河南省乃至全国全面推行河长制、推进生态文明建设发展史上具有里程碑意义，意味着河湖长队伍有了学习、培训和“充电”的基地。河南河长学院立足河南、面向华北、服务全国，坚持“优势互补、务实高效、共谋发展”的原则，打造集教学、科研、培训、咨询、评估于一体的综合服务平台，是华北水利水电大学进一步发展壮大的重要支撑。河南河长学院充分利用华北水利水电大学独特的学科资源和人才优势，集聚多方力量，积极探索河湖长制发展新途径，致力打造培养河长的新基地、治水事业的新智库、河长制发展的新助力、广大河长互相学习的新平台。近年来，河南河长学院积极承接水利方面的重大招标、决策咨询、企业咨询等项目，灵活多样地开展河长制研究，承接水利部、黄河水利委员会及省委、省政府重大招标项目，形成了特色鲜明、拥有较高质量产出和较大知名度的研究团队。

河湖长制是习近平总书记亲自擘画、亲自部署、亲自推动的治水事业，是实现我国生态文明建设、美丽中国建设、中国式现代化的重要战略步骤。本书的价值在于它深刻地总结了河湖长制实施七年来取得的成效、经验及今后努力的方向。开展幸福河湖建设是河湖长制工作的升级，是强化河湖管理保护的有力抓手，也是巩固河湖整治成果、系统治理河湖的治本之策。作为全国水利特色高校的教师，必须深入学习贯彻习近平总书记关于治水的重要论述，完整、准确、全面贯彻新发展理念，推动新阶段水利高质量发展，为全面建设社会主义现代化国家、全面推进中华民族伟大复兴贡献富有智慧的“幸福河湖方案”。

是为序。

2024 年 9 月 10 日

前　言

党的十八大以来，习近平总书记站在实现中华民族永续发展的战略高度，亲自擘画、亲自部署、亲自推动治水事业，发表了一系列重要讲话，作出了一系列重要指示批示，明确了“节水优先、空间均衡、系统治理、两手发力”治水思路，形成了新时代习近平生态文明思想，发出了“让黄河成为造福人民的幸福河”的伟大号召，为新时代治水工作指明了方向。

河湖长制是习近平总书记亲自谋划、亲自部署、亲自推动的重大制度创新。习近平总书记在2017年新年贺词中发出“每条河流要有‘河长’了”的号令。自2018年全面建立河湖长制以来，全国河湖面貌实现了历史性改变，人民群众的获得感、幸福感、安全感显著增强，河湖长制焕发出勃勃生机。2019年9月18日，习近平总书记在黄河流域生态保护和高质量发展座谈会上发出“让黄河成为造福人民的幸福河”的伟大号召，为推进新时代治水提供科学指南和根本遵循。“幸福河”是习近平总书记亲自部署推动治水事业，擘画国家水网宏伟蓝图的重要一环。开展幸福河湖建设是河湖长制工作的升级，是强化河湖管理保护的有力抓手，也是巩固河湖整治成果、系统治理河湖的治本之策。

为深入贯彻落实习近平生态文明思想和习近平总书记关于建设造福人民的幸福河的重要指示精神，推动河湖长制“有名有责”“有能有效”，持续改善河湖面貌，进一步增强人民群众获得感、幸福感、安全感。2022年4月，水利部办公厅发布《关于开展幸福河湖建设的通知》，决定在江苏、浙江、福建、江西、广东、重庆、安徽等7个河湖长制工作获国务院督查激励的省（直辖市）开展国家幸福河湖试点建设。各省市为深入贯彻落实习近平总书记关于建设“造福人民的幸福河”的伟大号召，全面把握新发展阶段各省河湖治理保护的新任务新要求，提出全省推进幸福河湖建设的指导意见。

建设幸福河湖要深入贯彻落实习近平新时代中国特色社会主义思想和党的二十届三中全会精神，要从为人民谋幸福的战略高度谋划推动河湖治理工作，要以河湖长制为平台，以推动河长制湖长制“有名”“有实”“见效”为主线，强化河长湖长履职尽责，不断推进河湖治理体系和治理能力现代化。

推进幸福河湖建设是国家重要战略的组成部分，是新时代治水思想的集中体现，是中华治水文化的最新成果，是新时代实施国家“江河战略”的有力抓手，是新时代全面贯彻习近平生态文明思想的生动实践，不仅为新时代生态保护和高质量发展指明了方向，也为江河湖泊保护治理明确了目标。新征程上，要深入学习贯彻习近平总书记关于治水的重要论述，完整、准确、全面贯彻新发展理念，推动新阶段水利高质量发展，为全面建设社会主义现代化国家、全面推进中华民族伟大复兴贡献富有智慧的“幸福河湖方案”。

全书分六章。第一章为幸福河湖提出背景与建设意义。首先从河湖长制推行的现实动因、人民对美好生活的多元需要、生态文明建设的内在要求、破解复杂水问题的时代命题、实现高质量发展的必然选择、保障国家水安全的制度设计等方面，对河湖长制提出的背景进行研究；其次从强化执政管理能力、切实增进人民福祉、实现治理制度创新、践行习近平生态文明思想、全面统筹治水国策等方面，深入、系统地剖析幸福河湖建设的意义。

第二章为幸福河湖顶层擘画部署与建设逻辑理路。首先对习近平总书记首提再提“造福人民幸福河”，以及站位“造福中华民族”的幸福河湖顶层擘画部署进行分析；进而从行业影响与指导角度，对水利部2020—2023年幸福河湖建设的逻辑理路进行归纳、整理与剖析。

第三章为幸福河湖的定义、内涵及特征。幸福是一种感受，是人类梦寐以求的动态的、发展的理想生活状态。幸福河湖是一个一语双关的拟人化概念，其定义、内涵、特征科学的界定与阐释，既要符合河湖本身的健康标准，又要满足人类发展的时代需求。

第四章为全国首批幸福河湖试点建设案例分析。以2021年水利部确定的全国首批幸福河湖7个国家级试点为研究对象，对7个试点幸福河湖建设的布局思路、取得的成效、存在的问题等进行比较分析，为其进一步发展及其经验借鉴指明方向。

第五章为地方层面案例分析。本章分别从流域层面、省级层面、市级层面、县级层面选取较为典型案例，通过不同层级幸福河湖建设情况分析，总结不同层级幸福河湖建设的先进经验、建设模式，提升幸福河湖建设的信度与效度。

第六章为幸福河湖建设实施路径。依据第四章、第五章实践案例研究，总结得出我国幸福河湖建设的目标与原则，进而提出幸福河湖建设全国实施指南、通用评价指标、地方通用验收要点、地方通用复核办法、地方通用标准等。

尽管本研究团队非常热爱、倾心、专注于水利事业，有心、用心、尽心为水利事业尽微薄之力，但由于精力和时间有限，研究中还存在诸多缺憾，再加上能力和水平有限，书中难免有些遗漏与不足，请读者不吝赐教。

作者

2024年9月

目　录

第一章

幸福河湖提出背景与建设意义

我国水资源时空分布很不均匀，人均水资源占有量较低，水灾害事件频发。当前，我国经济发展已经从高速增长阶段转向高质量发展阶段，我国社会主要矛盾已经转化为人民日益增长的美好生活需要和不平衡不充分的发展之间的矛盾，河流生态保护与社会发展之间的矛盾仍比较突出。全面推行河湖长制是解决我国复杂水问题、维护河湖健康生命的重大制度创新，是河湖保护治理的根本性、开创性重大举措。推进幸福河湖建设对维护生态平衡、保障生态安全、促进经济社会高质量发展、增进普惠民生福祉、保护传承河湖文化、实现人水和谐具有重要的作用。“强化河湖长制，建设幸福河湖”是河湖治理与管护的主要方向和最高目标，是建设人与自然和谐共生现代化的重要任务，是政策之愿、时代之需、历史之要。

第一节　幸福河湖提出背景

一、推行河湖长制的现实动因

全面推行河湖长制，是以习近平同志为核心的党中央，立足解决我国复杂水问题、保障国家水安全，从生态文明建设和经济社会发展全局出发作出的重大决策。习近平总书记亲自谋划、亲自部署、亲自推动这项重大改革，为维护河湖健康生命、实现河湖功能永续利用提供了制度保障。

河湖长制创立之初，主要是应对水环境问题，在实践中有效促进了水管理中的层级、地区和部门间协调。2003 年，针对河道污染情况严重及管护责任分配不清等问题，浙江省长兴县提出建立河长制，对部分河道实行河长制管理，起到一定的成效。通过对长兴县经验的效仿和借鉴，人们发现河湖长制作为一项制度措施，在水污染治理方面效益显著且具有极强的可操作性，因此开始作为一项地方经验受到其他省、市的积极效仿和借鉴。

2007年，江苏省无锡市在全市64条河流推行河长；2010年，云南省出台的《河道管理条例》首次将河长制纳入；2012年，江苏省印发《关于加强全省河道管理“河长制”工作的意见》（苏政办发〔2012〕166号）。2014年，水利部印发《关于加强河湖管理工作的指导意见》（水建管〔2014〕76号），鼓励各地推行河湖长制，并于同年开展河湖管护体制机制创新试点工作，水环境治理效果显著。

2016年12月，中共中央办公厅、国务院办公厅印发《关于全面推行河长制的意见》（厅字〔2016〕42号），指出河长制把水资源保护、水域岸线管理、水污染防治、水环境治理和执法监管作为重点任务，并提出建立健全以党政领导负责制为核心的责任体系。自此，河长制正式上升至国家层面。2017年1月1日，习近平总书记在新年贺词中发出“每条河流要有‘河长’了”号令；2017年6月27日，河长制写入新修改的《中华人民共和国水污染防治法》，河长制正式入法；在全面推行河长制的基础上，针对湖泊自身特点和突出问题，2017年12月，中共中央办公厅、国务院办公厅印发《关于在湖泊实施湖长制的指导意见》，切实增强落实湖长制改革任务的责任感和主动性。截至2018年6月底，全国31个省（自治区、直辖市）已全面建立河长制，共明确省、市、县、乡四级河长30多万名，另有29个省份设立村级河长76万多名，打通了河长制“最后一公里”。2018年12月底，河长制湖长制体系初步形成。

2019年年底，水利部制定《关于进一步强化河长湖长履职尽责的指导意见》（办河湖〔2019〕267号），推动河湖长制尽快从“有名”向“有实”转变，促进河湖治理体系和治理能力现代化，持续改善河湖面貌，让河湖造福人民。2020年10月29日，党的十九届五中全会通过《中共中央关于制定国民经济和社会发展第十四个五年规划和二〇三五年远景目标的建议》提出了强化河湖长制的要求加强大江大河和重要湖泊湿地生态保护治理，提升河湖生态系统质量和稳定性。这是党中央对全面推行河湖长制工作作出的深化部署安排，标志着河湖长制改革进入新阶段。2021年，水利部李国英部长在推行河湖长制工作部际联席会议上强调，要强化河湖长制，努力建设造福人民的幸福河湖。

河湖长制是按照现行的相关法律和政策，以问题导向为出发点，全面

落实地方党政领导河湖管理保护主体责任的制度。河湖长制是符合我国现阶段发展河湖治理的创新制度，全面推行河湖长制有利于更好地落实绿色发展理念，推动生态文明建设，也是维护河湖健康生命、保证国家水安全的关键制度；全面推行河湖长制是助推人与自然和谐共生、加快推进生态文明建设的重要手段与重大决策部署。河湖长制经历了从无到有和不断建立完善的过程，再到全面强化、建设幸福河湖，为“绿水青山”目标的实现提供了重要保证，为维护河湖生命健康和解决我国复杂水问题提供了有效方法。实践证明，全面推行河湖长制完全符合我国国情水情，是江河保护治理领域根本性、开创性的重大政策举措，是一项具有强大生命力的重大制度创新。

河湖长制的核心目标是提高生态环境的稳定性，加快“绿色发展”进程，促进人和自然的和谐共生。然而在实际推行过程中河湖长制还存在一些不足和波动性。河湖长制发展的动因是中国水问题种类的增多和复杂化，而水管理体制存在的缺陷导致其应对水问题效率不高。尤其是在河湖长制建设过程中，存在职责划分不太明确、履职能力的不平衡、统筹并进的运行机制尚未形成、河湖长监督考核机制有待完善、河湖长制任务推进不平衡等问题。

幸福河湖建设是河湖长制工作的升级，是强化河湖管理保护的有力抓手，也是巩固河湖整治成果、系统治理河湖的治本之策。建设幸福河湖要把握河湖长制与幸福河湖建设之间的关系：河湖长制是新时代治水制度和模式创新，幸福河湖是河湖长制实施达效程度的衡量与评价；河湖长制是幸福河湖建设的组织、体制、机制保障，幸福河湖建设可推进河湖长制不断完善、改进、创新。开展河湖保护与治理的探索实践，应当持续强化河湖长制不断健全完善河湖长制体系，优先打造河湖长责任的幸福河湖；以河湖长制为依托，发挥好河湖长的组织、协调、督促作用，凝聚起治水护水的强大合力，为高水平建设幸福河湖提供支撑保障，积极探索幸福河湖建设路径。

在建设幸福河湖的道路上做好河湖长制工作是根本，同样也是基础，就当前我国河湖长制存在的问题和不足，应该集合全社会的力量共同去解决，充分发挥出党政领导、地方领导的职能权力，充分利用民众的力量，逐渐完善河湖长制的组织体系，逐步构建统筹并进机制，最终集合多方力量将河湖长制落到实处，共建幸福河湖。

强化河湖长制，应当围绕幸福河湖建设，推动落实保护水资源、管理水域岸线、防治水污染、改善水环境、修复水生态等河湖治理保护任务，实现河湖水清岸绿景美、人与自然和谐共生的目标。让河湖长制工作从“有人管”“管得住”，迈向建设美丽幸福河湖、助推高质量发展、满足人民美好生活需要的新阶段。

二、人民对美好生活的多元需要

从党的十八届一中全会后习近平总书记在第一次记者见面会上提出“人民对美好生活的向往，就是我们的奋斗目标”。党的十九大报告10多次提到“美好生活”，并特别指出“中国特色社会主义进入新时代，我国社会主要矛盾已经转化为人民日益增长的美好生活需要和不平衡不充分的发展之间的矛盾”，这充分彰显了“人民美好生活需要”课题的时代价值与现实意义。党的二十大科学擘画了全面建成社会主义现代化强国的宏伟蓝图，指出“必须坚持在发展中保障和改善民生，鼓励共同奋斗创造美好生活，不断实现人民对美好生活的向往”，形成了不断满足人民群众对更加幸福美好生活向往的战略擘画。人民美好生活需要的实质其实是我国进入新时代的生产方式、生活方式和交往方式的变化，是其变化与广大人民群众精神层面和心理层面相互作用的结果，是人民对新时代新的生活方式的美好期待。

河湖不仅满足着人类生存发展的基本需要，还承载着人们对美好生活的向往。2019年9月，习近平总书记在黄河流域生态保护和高质量发展座谈会上发出“让黄河成为造福人民的幸福河”伟大号召，这让“幸福河”目标成为贯穿新时代中国江河治理保护的一条主线，其蕴含了对治水理念的深刻揭示与科学把握，具有很强的政治性、理论性和指导性，为新时代治水工作指明了方向。将人民幸福作为河湖治理的重要标准，体现了河湖治理目标从重生态、重安全到关注人水和谐、人民福祉的发展过程。

《中国河湖幸福指数报告2020》中从水安全、水资源、水环境、水生态、水文化五个维度阐释了“幸福河”的概念内涵。坚持人民至上。统筹水安全、水资源、水环境、水生态、水文化、水管理，强化水灾害防治，把保护人民生命财产安全放在幸福河湖建设的首要位置，不断满足人民日益增长的美好生活需要，让人民共享发展成果。

进入新发展阶段，人民的需求不再停留在“物质文化需要”，而扩展为日益增长的美好生活的“新需要”，人民群众从过去“求生存”到现在“求生态”、从“盼温饱”到现在“盼美好”。幸福河湖是保护河湖生态环境和满足人民群众对美好河湖环境需求共存互益的体现。

从“五水共治”到河湖长制，不断通过河湖治理实践满足人民群众对美好生活的多元需求。建设幸福河湖是人民群众对日益增长的优美生态环境的现实需要，更是实现美丽中国的重要路径。基于此，幸福河湖要满足人的需求，实现造福于民的目的。人的需求是全面的，幸福河湖要满足人的生态安全需要、经济发展需要、民生福祉需要、文化积淀需要，进而实现人水和谐共生，这既是幸福河湖深刻内涵的系统表述，也是幸福河湖建设所应坚持的方向指引。

幸福河湖的建设要以满足人民的生态安全需要。生态安全取决于生态系统的健康和稳定，表现为人类在生产、生活和健康等方面不受生态破坏与环境污染等影响的保障程度。随着环境污染的加剧、生态失衡的恶化以及人们对美好生态环境需求的提高，“生态安全”从写入政府文件到纳入法律规范，地位不断得到重视和提升。

幸福河湖的建设要以满足人民生产生活需求，提高人民幸福感、安全感和获得感为目的，紧密围绕河湖安全保障提升、河湖水质改善、河湖环境景观塑造、生态系统修复和人文历史彰显等不同维度，开展河湖的综合治理、系统治理和源头治理工程，进而打造灵动的水清岸绿人和的新画卷。这既是幸福河湖内涵特征要求，又是指引幸福河湖创建的方向指引。

幸福河湖作为河湖治理的航标指向，理应内含深厚的文化底蕴。一方面，文化产生于人类的社会实践，河流本身是自然存在物，人们在接触、利用、治理、保护、欣赏河湖的社会实践中，不断总结升华对河湖的理解和认识，进而形成丰富的河湖文化，简而言之，河湖文化是建设幸福河湖实践过程的必然结果；另一方面，河湖文化是中华文化和民族精神的重要组成，它能够满足人们日益增长的文化需求，能够为推进河湖治理提供重要的精神支撑和智力支持。

人民至上、以人为本是建设幸福河湖的出发点和落脚点。幸福河湖建设当然是为了人民的幸福，也同时必须紧紧依靠人民。坚持“人民至上”，建设造福人民的幸福河湖。良好的生态环境是人民群众迫切需要的公共产品，是最普惠的民生福祉。要心怀“国之大者”，从维护最广大人民的根本利益出发，站稳人民立场，把握人民意愿，保障人人平等享用河湖公共产品，将幸福河湖建设成为人民共享的亲水空间，提高人民幸福指数。

三、生态文明建设的内在要求

生态文明是人类文明发展的一个新的阶段，即工业文明之后的文明形态。生态文明是人类遵循人、自然、社会和谐发展这一客观规律而取得的物质与精神成果的总和，是贯穿于经济建设、政治建设、文化建设、社会建设全过程和各方面的系统工程，反映了一个社会的文明进步状态。

建设生态文明是中华民族永续发展的千秋大计。2012 年 11 月，党的十八大站在历史和全局的战略高度，对推进新时代“五位一体”总体布局作了全面部署，从经济、政治、文化、社会、生态文明五个方面，制定了新时代统筹推进“五位一体”总体布局的战略目标。2014 年 4 月，习近平总书记在主持中央国家安全委员会第一次会议时强调落实总体国家安全观，构建包括生态安全在内的国家安全体系。2018 年 5 月，习近平总书记在全国生态文明保护大会上再次强调，构建以生态系统良性循环和环境风险有效防控为重点的生态安全体系，从而形成涵盖生态文化、生态经济、目标责任、生态制度以及生态安全的生态文明体系。2020 年 10 月，党的十九届五中全会提出“强化河湖长制，加强大江大河和重要湖泊湿地生态保护治理”。习近平总书记在党的二十大报告中全面系统总结了新时代十年生态文明建设取得的举世瞩目重大成就、重大变革，深刻阐述了人与自然和谐共生是中国式现代化的重要特征，对推动绿色发展，促进人与自然和谐共生作出重大战略部署。

党的十八大以来，以习近平同志为核心的党中央，把生态文明建设纳入中国特色社会主义事业“五位一体”总体布局，提出一系列新理念新思想新战略，强调坚持生态兴则文明兴，坚持人与自然和谐共生，坚持绿水青山就是金山银山，坚持良好生态环境是最普惠的民生福祉，坚持山水林田湖草沙是生命共同体，坚持用最严格制度最严密法治保护生态环境，坚持建设美丽中国全民行动，形成习近平生态文明思想。习近平生态文明思想是习近平新时代中国特色社会主义思想的重要组成部分，指明了生态文明建设的方向、目标、途径和原则，揭示了社会主义生态文明发展的本质规律，开辟了当代中国马克思主义生态文明理论的新境界，为推进美丽中国建设、实现人与自然和谐共生的现代化提供了根本遵循。

在全面建设社会主义现代化国家的新征程中，生态文明是关键一环，而河湖建设是生态文明的生命源泉，建设幸福河湖是保护生态环境、增强人民群众幸福感、实现人水和谐的重要举措。河湖是水资源的重要载体，是生态系统和国土空间的重要组成部分，是生态文明建设的主阵地。加强河湖管理，必须坚定不移践行习近平生态文明思想，顺应人民群众对优美生态环境的向往，从生态系统整体性和流域系统性出发，处理好河湖管理保护与开发利用的关系，维护好河湖健康生命。

习近平总书记做出一系列关于生态文明的重要论述，“幸福河”是这一理论的重要组成部分，也是对人水和谐提出的具体要求。河湖是自然生态中最重要的组成部分，关联和影响着山水林田湖草整个生态系统。要倾力打造“幸福河湖”，不单单是直观意义上的“河”与“湖”，应从更大的视角来认知，从整个生态文明建设的高度来研究落实，全面系统地将河湖健康、水安全保障与人民群众的获得感、幸福感紧密融合，让祖国大地上的每一条河、每一个湖成为人民群众心中的幸福河湖。

幸福河湖建设要从生态文明建设的高度和为人民谋幸福的层次谋划推动河湖治理工作，这既是新时期推进流域河湖治理的总体目标，也是贯彻习近平生态文明思想的具体实践。

四、破解复杂水问题的时代命题

我国地理气候条件特殊、人多水少、水资源时空分布不均，是世界上水情最为复杂、治水最具有挑战性的国家。立足水资源禀赋与经济社会发展布局不相匹配的基本特征，破解水资源配置与经济社会发展需求不相适应的突出瓶颈，这是我国长远发展面临的重大战略问题。

总体上看，我国在幸福河湖方面尚有较大差距，主要表现在五个方面：①河湖洪涝灾害较为严重。过去100年间共发生5年一遇～10年一遇以上的江河洪水213次，平均每年超过两次。洪涝多发、频发，给人民生命财产、地区经济发展等方面带来诸多严重影响，特别是随着城镇化、工业化水平的提高，以及人民自有财产的增多，洪涝等河湖灾害所带来的破坏和损失与日俱增。②河湖水体污染较为严重。在长江、黄河、珠江、松花江、淮河、海河、辽河七大流域和浙闽片河流、西北诸河、西南诸河监测的水质断面中，水质差、富营养状态存在较高的比例。③河湖生态退化较为严重。集中表现为湖泊消失和萎缩、江河断流和流量减少、湿地减少和功能下降、水生生物多样性减少及外来物种入侵等现象较为严重，甚至仍呈上升之势。特别是像长江这样的大江大河，其水生生物多样性严重下降。④河湖安全供水能力较差。截至2022年，全国供水总量达5998.2亿m^3，占当年水资源总量的22.2%，其中地表水源供水量占供水总量的83.3%。近年来，地表水源和其他（非常规）水源的供水量总体呈持续增加的趋势，而地下水源的供水量则从缓慢增加转变为持续减少。在全国集中式饮用水水源地环境整治、集中式生活饮用水水源地达标率以及农村人口供水保障水平等方面仍需完善和提升。⑤河湖水事关系较为复杂。集中表现为水事纠纷增多、增强，特别是在严重缺水和水污染严重地区表现得更为明显，并影响社会关系、地区关系、国际关系。

综上，无论从河湖灾害、河湖水质、河湖生态角度看，还是从河湖供水保障、河湖水事关系角度看，我国距离幸福河湖还有较大差距，尤其在前三个方面需要付出更大的努力。建设幸福河湖是建设富裕中国、美丽中国、和谐社会的需要，也是建设睦邻友好国际关系的需要。

自河湖长制全面推广以来，河湖乱象得以改观，河湖空间实现管控，水资源受到保护，水生态不断修复，水污染加速治理，随着全国各地把"水生态""水文章"放到更加突出的位置，越来越多的河流恢复生命力。

但是在河湖管理上亦存在短板。目前，我国治水的主要矛盾已经发生根本性的转变，“补短板，强监管”成为当下和今后水利改革的总基调。我国水利工程经过多年建设，体系相对完善，但是仍然存在一些短板，其中最突出的如下：

（1）河湖连通不畅。河湖连通不畅导致与外部水系隔绝，造成水资源的分配不均。降水多的地区容易加大洪水的风险，而降水少的地区面临水资源枯竭的危险。河湖资源分配不均导致经济发展受到影响，国家采取“南水北调”“东水西调”也是为了改善水资源不均导致的经济差距加大的情况。

（2）河湖管理物理空间占用严重——“四乱”问题未解决。具体有以下四个表现：①“乱占”问题严重，许多地区群众围垦湖泊并没有经过上级政府的允许，私自侵占湿地或者水域进行开垦种植，给水域造成了极大的破坏；②“乱采”问题频发，监控困难，私自采砂或者在河道范围内取土都会造成对河道的破坏，降低河坝的抗洪能力；③“乱堆”问题突出，向河道内倾倒垃圾和其他废弃物，导致河道的河床升高，加大洪水风险；④“乱建”问题不止，河道的泄洪通道上随意修建阻碍分洪的建筑物，其中包括在水岸线上占而不用、多占少用、滥占滥用。

以上问题造成了目前河湖管理的难度大，整治物理空间变成河湖管理的重中之重。这些空间占用问题全部都是人为原因，因此宣传和教育就显得尤其重要。当下的观念要从征服自然、改变自然转变到改变人类行为、纠正错误行为。

五、实现高质量发展的必然选择

人与自然的关系首先是人与水的关系，人类生产生活都离不开水，生态文明建设更应以水为核心来展开。以流域为核心的生态文明建设成为高质量发展的必然选择和重要路径，河湖作为流域水体的主要载体和汇集区域，是生态文明建设的焦点。因此，经济社会高质量发展必须要注重河湖治理、水资源开发利用保护，推进人与自然和谐共生的现代化首先要抓好幸福河湖建设。

党的十八大以来，习近平总书记站在中华民族永续发展的战略高度，提出“节水优先、空间均衡、系统治理、两手发力”治水思路，确立国家“江河战略”，擘画国家水网重大工程，多次就治水作出指示、提出要求。国家“江河战略”着眼我国高质量发展全局，以大江大河保护治理为牵引，统筹发展和安全，遵循人与自然和谐共生的辩证法则，谋划让江河永葆生机活力的发展之道，体现了纵观古今的历史眼光、宏阔的发展逻辑和深邃的文明视角。确立国家“江河战略”，是贯彻新发展理念、构建新发展格局、推动高质量发展的必然要求，是优化区域经济布局和国土空间体系、促进区域协调发展的战略举措，是推进生态文明建设、促进人与自然和谐共生的重大步骤，是践行总体国家安全观、统筹发展和安全的现实需要，是寻根华夏文明、坚定文化自信的战略考量。

党的二十大提出，必须牢固树立和践行“绿水青山就是金山银山”的理念，坚持山水林田湖草沙一体化保护和系统治理，统筹水资源、水环境、水生态治理，推动重要江河湖库生态保护治理和休养生息。建设幸福河湖是落实党的二十大精神的应有之义，同时也是建设人与自然和谐共生的中国式现代化的必然要求。

河湖生命力表现为以河湖资源的可持续利用促进经济社会的高质量发展。就河湖资源而言，最重要的是水资源。只有建设好水利工程才能解决河湖资源的天然丰枯不均、实现可持续利用。通过水利工程的有效调节调度来实现人口资源集聚地区的用水需求，改善河川径流的时空分布，既实现人民群众生活生产的各类需求，又有效改善河湖本身的丰枯属性。

习近平总书记关于“长江共抓大保护，不搞大开发”，以及他在黄河流域生态保护和高质量发展座谈会上提出的“要完善河湖长制组织体系”的重要指示，为幸福河湖建设中实施河湖长制指明了努力方向。站在中国式现代化新的历史起点，面对新的时代考卷，高质量建设幸福河湖要对河湖长的目标加以明确，夯实河湖长制度基础，创新河湖长运营管理模式。应立志在新的征程中破局开路、深化改革，持续把人民群众对美好生活的向往，化为砥砺前行的动力，变为可期可待的目标。按照党的二十大作出的部署，紧紧围绕第二个百年奋斗目标和社会主义现代化建设的战略安排，推动新时代水利高质量发展，凝心聚力做好完善流域防洪工程体

系、实施国家水网重大工程、复苏河湖生态环境、推进智慧水利建设、建立健全节水制度政策、强化水利体制机制法治管理等新阶段水利重点工作，把“节水优先、空间均衡、系统治理、两手发力”治水思路不折不扣地落实到水利高质量发展各环节全过程，为经济社会高质量发展提供坚实水利支撑。

建设幸福河湖是推进水利高质量发展的必然要求和强力驱动，是建设人与自然和谐共生的现代化的重要举措，也是对人民群众美好生活向往的切实回应。河湖资源关系到经济社会发展的各个领域，推动高质量发展，必须把河湖岸线资源和水资源集约安全利用放到经济社会发展的战略高度，实现资源利用方式的战略转变，统筹好河湖生态空间管控与岸线资源利用，统筹好河湖生态保护与水资源利用，统筹好河湖治理与产业发展，统筹发展与安全，做到全面节水、合理分水、管住用水，确保河湖基本生态流量，真正发挥水资源的刚性约束作用，限制不合理用水需求，有效防范安全风险，以资源利用方式的转变促进发展方式转变。

高质量建设幸福河湖既是实现人民对美好生活的向往、建设共同富裕示范区的重要举措，也是高水平推进省域治理现代化实现经济社会快速发展的重要保障。要深刻领会习近平总书记“建设造福人民的幸福河”的核心内涵，突出水安全提升、水生态保护、水宜居便民、水文化引领、水经济助推、水管理提升，全面推进幸福河湖建设。

实现高质量发展，必须坚持以人民为中心的发展思想，坚持筑牢绿色的屏障，铺就绿色的亮丽底色。经济发展不应该是对自然和生态环境的竭泽而渔，生态环境保护也不应该是舍弃经济发展的缘木求鱼，而是要坚持在发展中保护、在保护中发展，实现经济社会发展与人口、资源、环境相协调的多方共赢。

六、保障国家水安全的制度设计

水安全是国家安全的重要组成部分。我国是世界上水情最为复杂、治水任务最为繁重的国家，工业化、城镇化的快速发展以及全球气候变化等因素导致水安全问题更加突出。随着我国经济社会不断发展，水安全中的老问题仍有待解决，新问题越来越突出、越来越紧迫。老问题，就是地理气候环境决定的水时空分布不均以及由此带来的水灾害；新问题，主要是水资源短缺、水生态损害、水环境污染。习近平总书记强调，水已经成为了我国严重短缺的产品，成了制约环境质量的主要因素，成了经济社会发展面临的严重安全问题；河川之危、水源之危是生存环境之危、民族存续之危；我国水安全已全面亮起红灯，高分贝的警讯已经发出，部分区域已出现水危机。习近平总书记直言水量减少、河枯岸荒、水生态功能丧失等现象令人痛心。当前，我国发展已经进入战略机遇和风险挑战并存、不确定因素增多的时期，水灾害突发性、极端性、反常性越来越明显，水资源短缺、水生态损害、水环境污染等新问题越来越紧迫。

党的十八大以来，以习近平同志为核心的党中央将水安全上升为国家战略，统筹推进水灾害防治、水资源节约、水生态保护修复、水环境治理，办成了许多事关战略全局、事关长远发展、事关民生福祉的治水大事要事，治水事业取得举世瞩目的巨大成就。习近平总书记强调，要加快构建国家水网，"十四五"时期以全面提升水安全保障能力为目标，以优化水资源配置体系、完善流域防洪减灾体系为重点，统筹存量和增量，加强互联互通。国务院同意，国家发展改革委、水利部印发的《"十四五"水安全保障规划》是国家层面首次编制实施的水安全保障五年规划，是"十四五"时期水安全保障工作的重要依据。其系统总结评估水利改革发展"十三五"规划实施情况，以全面提升国家水安全保障能力为主线，以全面推进国家水网工程建设为重点，提出了"十四五"水安全保障的总体思路、规划目标、规划任务和保障措施等内容。

水资源的安全保障是"幸福河"的最重要指标。生活用水是最基本的用水需求，必须在节水基础上优先保证。农业、工业和第三产业的各类用水需求，是支撑国民经济、社会发展的重要要素资源，其合理需求也应尽可能得到保障。但这部分用水需求，必须控制在合理范围之内，不可侵占基本生活用水和河流基本生态用水。在水资源分配利用上，如果管理不当，造成基本生活用水不足或者产生生态矛盾，获得感、幸福感也会大打折扣。

提升防洪安全水平是提升人民群众的幸福感、获得感的重要内容。

我国是人口大国，绝大多数人口、生产力要素均分布在河流两岸，防洪保安全极其重要，必须清醒地认识我国河湖与国民居住的情况。随着城市化建设的不断推进，防洪的要求也会随之提高，从而带来洪水要素的变化。要清醒地看到，随着区域防洪能力的普遍提高，总体上流域层面的防洪压力也会随之增大，洪水位也将面临“水涨船高”的困境。所以，“幸福河湖”必须能经受住洪水的考验，人民群众的生命财产安全始终要摆在第一位。

建设幸福河湖，必须增强水安全忧患意识、坚持底线思维，提升水资源集约安全利用水平，提高水安全保障能力，形成人与自然和谐发展的河湖生态新格局，有效保障流域防洪安全、供水安全、生态安全、粮食安全、经济安全。

第二节　幸福河湖建设意义

开展幸福河湖建设，对于推动河湖治理保护方式变革，进一步处理好经济社会发展与水安全、水资源、水环境、水生态、水文化的关系，助力经济社会高质量发展，提升人民群众福祉，具有十分重要的意义。

一、强化执政管理能力

保护河湖安全是落实习近平总书记关于治水重要讲话指示批示精神的重要举措。河湖管理工作以习近平新时代中国特色社会主义思想为指导，深入学习贯彻习近平总书记重要讲话指示批示精神和党中央重要决策部署，立足新发展阶段，贯彻新发展理念，构建新发展格局，全面落实“节水优先、空间均衡、系统治理、两手发力”治水思路和“十四五”规划。近年来，在党中央、国务院的坚强领导下，各地区各部门坚持以人民为中心、生态优先、问题导向、系统治理、团结治水，形成党政主导、水利牵头、部门联动、社会共治的河湖管理保护新局面，推动解决了一大批长期想解决而没有解决的河湖保护治理难题，全面推行河湖长制取得显著成效。责任体系全面建立，河湖管护责任实现全覆盖；工作机制逐步完善，形成一级抓一级、层层抓落实的工作格局；河湖面貌持续向好，许多长年断流的河道重放光彩；全民护水意识显著增强，关爱河湖队伍不断壮大。实践充分证明，实施幸福河湖建设符合我国国情水情，是在河湖保护治理领域强化执政管理能力的重大举措。

幸福河湖建设是巩固拓展河湖长制工作成果的关键举措。建设幸福河湖是一项系统工程，是全力推动河长制湖长制从“有名”向“有实”转变。幸福河湖建设是河湖长制的升级版，是进一步推进水生态文明建设、夯实河湖基础设施、提升河湖环境质量、修复河湖生态系统、传承河湖先进文化、转化河湖生态价值的系统工程。幸福河湖建设将在原有河湖长制工作基础上，整合河湖自然和人文资源，构筑人水和谐、幸福流域、文旅融合的诗画风光带，助力带农促富、生态共富、兴旅致富三大产业，形成幸福河湖形态、生态、业态“三态融合”格局，打造能够支撑流域高质量发展，让人民群众有安全感、获得感、满足感的河湖。因此，幸福河湖建设标志着推行河湖长制已进入全面强化、标本兼治的新阶段，并将成为当前和今后一段时间巩固拓展河湖长制工作成果的关键举措。

加强幸福河湖建设，强化执政管理能力，需要做好以下工作：①强化组织领导。各级政府是本行政区域幸福河湖建设的责任主体，各级各部门要树立“一盘棋”思想，结合单位职责，切实抓好水环境治理、水污染防治、水生态修复和资金保障等工作，合力推进幸福河湖建设。②强化资金保障。各地各部门多渠道争取河湖治理保护资金支持，用好用活金融支持政策，创新投融资机制，拓宽融资渠道，鼓励、引导和吸引社会资金参与幸福河湖建设。③注重督导激励。把幸福河湖建设纳入河湖长制考核重要内容，加强对基层幸福河湖建设的指导和检查，定期组织验收评价，提升幸福河湖建设质量。建立奖惩机制，对幸福河湖建设成效明显的，通报表扬；对建设任务未完成的，进行通报约谈。④强化部门联动。相关部门各司其职、各负其责、协调联动，加大对幸福河湖建设的支持力度，确保幸福河湖建设工作落到实处。各单位根据年度幸福河湖建设目标任务，制定年度工作方案，协调推进幸福河湖建设。

加强幸福河湖的建设，要着力强化政府管理和拓宽群众参与途径两方面作用。压实各级责任，做好跨部门统筹，加强涉水法治建设，强化突出问题清理整治，构建河湖管护长效机制，切实保障河畅、水清、岸绿、景美；要及时挖掘提炼、总结推广幸福河湖建设典型经验，利用融媒体渠道宣传幸福河湖建设取得的成效。要坚持开门治河、民主决策，拓宽群众参与治水的途径，畅通群众反映问题的渠道，推动民间河湖长、志愿者、社会监督员、巡河员、护河员、第三方保洁公司和社会公众参与河湖保护治理，积极培育民间力量，调动公众参与治水护河的积极性、主动性，让群众在“共治”中“共享”幸福河湖建设成果。

总之，建设幸福河湖，关键在于河长。要按照习近平总书记的指示要求，坚持不懈，持续发力，久久为功，强化执政管理能力，促进河湖管理和保护工作的根本好转，打造造福人民的幸福河湖；要及时总结建设经验、梳理短板，进一步明确主体责任，加大统筹协调力度，动员水利、环保、林业、交通、文旅等多部门，鼓励社会资本参与建设，社会公众参与监督，共同谋划幸福河湖建设工作；要持续迭代升级河湖长制，进一步完善组织体系、健全工作机制、严格督查考核，凝聚起党政主导、河长牵头、部门协同、上下联动、社会参与的治水兴水强大合力，高水平全域建设幸福河湖。

二、切实增进人民福祉

保护江河湖泊，事关人民群众福祉，事关中华民族长远发展。坚持人民至上，高水平推动河湖资源保护利用综合改革。把增进人民福祉、促进人的全面发展作为河湖治理的出发点和落脚点，着力解决人民群众最关心最直接最现实的防洪、供水、水生态改善等问题，让人民群众有更多的获得感。

幸福河湖增进普惠民生福祉。民生福祉反映了一个国家或地区人民的幸福指数，与群众的经济收入、社会治理、就业、教育、医疗等息息相关，增进民生福祉被认为是各个国家政策制定和政府行为的首要目标。人民群众除了物质文化需要外，对生态环境的需求大大增加。正如习近平总书记所强调的，良好生态环境是最公平的公共产品，是最普惠的民生福祉。良好生态环境作为民生福祉的重要特点在于“普惠”，它是大自然对所有人的慷慨馈赠，与教育、医疗等受时空条件影响的福祉不同，生态环境是所有人无时无刻都需要的民生福祉。

必须要以增进最普惠的民生福祉为目标指向，始终把解决突出生态环境问题作为民生优先领域，始终把人民满意作为江河治理的最高标准。建设幸福河湖，要加强民众对环境保护的力度，普及民众思想。在河湖长制中强化民众生态环保意识是尤为重要的，这样不仅可以让更多的民众束身自修，还能提高民众的法治意识。建设幸福河湖，要促进河湖生态环境复苏，要深入推进河湖“清四乱”常态化规范化，加快划定落实河湖空间保护范围，加大黑臭水体治理力度，持续开展河湖健康评价，强化地下水超采治理，科学推进水土流失综合治理。

“民生是最大的政治”，民生是一个国家赖以生存和发展的核心中坚力量，要把全力保障和改善民生作为加强河湖治理保护、实现高质量发展的出发点和落脚点，加快提升基本公共服务均等化水平，一张蓝图绘到底，一茬接着一茬干。构建幸福河湖场景。要让社会公众理解幸福河湖建设的目的意义，赢得广大人民群众的支持。把幸福河湖建设的成效转化为实实在在看得到的成果，对百姓而言，沿河沿湖的休闲健身场所，就是每个人都可以受益的。

把幸福河湖建设和城市规划建设、乡村振兴有机结合，依托河湖独特自然禀赋，探索河湖生态产品价值实现机制，以水兴城、以水兴农、以水兴产，打造沿河环湖经济带。深入挖掘幸福河湖生态价值，充分发挥幸福河湖对周边发展的辐射带动作用，培育生态旅游、休闲观光、康养服务、生态渔业等新业态，扶持“河湖＋”经济融合发展产业和项目，将生态效益转化为经济效益和社会效益。

河湖水系是乡村振兴的优势自然资本，是人民富足的重要支撑。习近平总书记曾说、“要让居民望得见山、看得见水、记得住乡愁”。农村幸福河湖的建设，不局限于河湖水环境的改善与治理，还包括岸线整治、融入人文景观资源的滨水绿道、特色水景建设等，不仅可以改善当地群众的人居环境条件，还可以推动乡村形成优质的山水人文资源，提振乡村精气神，增强人民凝聚力，孕育农村社会好风尚。紧密围绕河湖安全保障提升、河湖水质改善、河湖环境景观塑造、生态系统修复和人文历史彰显等不同维度，开展河湖的综合治理、系统治理和源头治理工程，进而打造灵动的水清岸绿人和的乡村新画卷。这既是幸福河湖内涵特征要求，又是指引农村幸福河湖创建的方向指引。加快推进农村幸福河湖建设具有重要意义。农村幸福河湖创建是筑牢乡村生态安全保障，实现可持续发展的基本需求；农村幸福河湖创建是促进乡村产业兴旺，推动经济高质量发展的需求；农村幸福河湖创建是建设美丽宜居乡村，守住乡愁的需求。

站在乘势而上开启全面建设社会主义现代化国家新征程的关键节点，必须牢牢把握新发展阶段，把贯彻新发展理念贯穿于强化河湖长制的各方面和全过程。紧紧围绕建设幸福河湖的目标任务，全面落实“重在保护，要在治理”的战略要求，把增进人民福祉作为治理河湖的出发点和落脚点，实现河湖健康、人水和谐、环境保护与经济发展共赢。充分发挥河湖长制的制度优势，面对河湖存在的水灾害、水资源、水生态、水环境等突出问题，重拳治理河湖乱象，依法管控河湖空间，严格保护水资源，加快修复水生态，大力治理水污染，河湖面貌发生了历史性改变，越来越多的河流恢复“生命”，越来越多的流域重现生机，越来越多的河湖成为造福人民的幸福河湖。

三、实现治理制度创新

幸福河湖建设是实现治理制度创新的有益尝试，要以流域为单元实施建设，既尊重自然规律，也符合人类社会发展规律。按照这些规律确立幸福河湖的建设具体原则。中国特色社会主义制度优势就是集中力量办大事，通过党的统一领导推进流域综合治理和“五位一体”全面发展，为实现人与自然和谐共生的中国式现代化打下坚实基础。习近平总书记亲自部署、亲自研究、亲自推动在全国全面推行河湖长制，为维护河湖健康生命、实现河湖功能永续利用提供了制度创新保障。

河湖长制是基于我国国情创立和推行的一项创新制度。加强幸福河湖建设，可以持续强化全面推行河湖长制工作部际联席会议制度，指导各流域管理机构充分发挥好省级河湖长联席会议办公室作用，深化目标统一、任务协同、措施衔接、行动同步的联防联控联治机制。强化责任落实，突出最高层级河湖长统领分级分段（片）河湖长职责，指导地方继续完善河湖巡查管护体系，加强乡村河湖管护。落实国务院河湖长制督查激励措施，将河湖长制纳入实行最严格水资源管理制度考核。

加强幸福河湖建设，可以建立健全日常管护制度。明确河湖管护要求，确保河湖巡查管护工作落实落细。对基层河湖巡查管护人员，建立规范的选聘制度，明确选聘要求及录用程序，接受社会各方监督。建立相关培训制度，不断提高河湖巡查管护人员的履职能力。完善考核制度，考核结果与报酬及聘用挂钩，充分调动基层人员巡河护河的积极性，稳定河湖巡查管护队伍。推进河湖管护规范化建设，明确河湖管护内容、形式、管护人员及设备配置、经费保障等事项，实现河湖巡查管护常态化、规范化、制度化。

加强幸福河湖建设，可以完善制度体系，提升管护能力，健全完善河湖管护长效机制。在河湖长制工作平台下，强化河湖长制责任单位协调机制，深化“河湖长＋检察长”“河湖长＋警长”协作机制，通过联合组织开展河湖专项执法、联合组织开展专项工作督察、联合调度相关工作进展情况等多种方式，形成多方联动的协同机制。健全上下游、左右岸协同联动机制，共同做好跨界河湖管护工作。强化科技创新，积极应用河湖保护治理新理念、新技术，逐步形成与幸福河湖相适应的现代化河湖管理体系。

河湖长制等地方治理创新实践因其有效性被制度化为国家河湖治理的重要方略。全面推行河湖长制在建立河湖管护责任体系、河湖管护制度、改善河湖环境以及吸纳社会参与等方面取得了显著成效，推动形成了政府主导、公众参与、共治共享的河湖治理格局。各地创新实践民间河长模式、河权承包模式、生态绿币模式、民间督察长/监督员模式、志愿者模式等形式多样的公众参与河湖治理模式，实现“政府管护”与“全民参与”协同推进。完善河湖治理需要因地制宜探索多元化管护模式、完善河湖管护资金投入机制并建立健全日常管护制度。在推动幸福河湖建设方面，做好顶层谋划、建立标准规范、强化技术指导以及依托河湖长制完善监管机制至关重要。

法规制度的生命力在于执行，加强幸福河湖建设，推进河湖长制入法，强化制度刚性约束。要严格落实奖惩规定，强化考核监督刚性约束，充分发挥考核“指挥棒”作用，切实推进各级党委、政府和各有关部门（单位），对于未履行职责或者履行职责不力的各种行为，严格依照法规进行约谈和处理处分，严肃追责问责，确保法规执行到位、落地见效。将河湖长制纳入涉水法律法规，探索建立以水资源为核心的横向生态补偿机制、体现“两山”理念的生态产品价值实现机制、以河长制为主体的执法监管机制等，通过机制创新形成具有推广价值的河湖管理模式。加强规范和调整完善河湖长制法律制度，从“人治”逐渐转向“法治”，以“河湖长制”行“河湖长治”，达到全面保护河流、湖泊等水体的生态环境，实现自然资源可持续健康发展的目的。

总之，在河湖长制背景下的幸福河湖建设，要推动强法治、聚合力、集众智、惠民生的河湖管理创新实践，增加社会各界持续关注、支持幸福河湖建设，为建设人与自然和谐共生的中国式现代化贡献力量。

四、践行习近平生态文明思想

幸福河湖建设是贯彻习近平生态文明思想的生动实践。水生态文明建设是生态文明建设重要组成部分之一，以生态文明建设统领幸福河湖建设。党的十八大正式把生态文明建设纳入中国特色社会主义事业总体布局，习近平总书记反复强调要像保护眼睛一样保护生态环境，像对待生命一样对待生态环境；生态兴则文明兴，生态衰则文明衰；要坚持绿水青山就是金山银山的理念；坚持生态优先、绿色发展；治理黄河，重在保护，要在治理；共同抓好大保护，协同推进大治理，将加强生态环境保护作为黄河流域生态保护和高质量发展的主要目标任务。因此，我们应当以生态文明建设统领幸福河湖建设，勇担重任，把“幸福河”目标贯穿新时代江河治理保护各项工作中去，将习近平总书记的殷殷嘱托落到实处。

幸福河湖建设要从生态文明建设的高度和为人民谋幸福的层次谋划推动河湖治理工作，这既是新时期推进江湖流域治理的总体目标，也是贯彻习近平生态文明思想的具体实践。要切实以习近平生态文明思想为指引，坚决扛起维护生态安全重大责任，围绕河湖保护和永续利用这条主线，多措并举，标本兼治，强化“五个坚持”，深入实施河湖长制，有效治理河湖，不断夯实河湖管护基础工作，确保河湖水质和生态环境持续改善。要切实强化水安全保障、水岸线管控、水环境治理、水生态修复、水文化传承和可持续利用，努力建设“河湖安澜、生态健康、环境优美、文明彰显、人水和谐”的幸福河湖。

幸福河湖建设，要把握好流域生态保护和高质量发展的原则，编好规划、加强落实。要坚持生态优先、绿色发展，从过度干预、过度利用向自然修复、休养生息转变，坚定走绿色、可持续的高质量发展之路。坚持量水而行、节水为重，坚决抑制不合理用水需求，推动用水方式由粗放低效向节约集约转变。坚持因地制宜、分类施策，发挥各地比较优势，宜粮则粮、宜农则农、宜工则工、宜商则商。坚持统筹谋划、协同推进，立足于全流域和生态系统的整体性，共同抓好大保护，协同推进大治理。

幸福河湖建设，通过绿化建设、生态保护、受损生态修复、水质净化、生态护坡、河道清淤、生态修复及水系沟通等措施，从水域生态建设、岸带生态建设两大方面着手，解决了河流功能衰退、水环境恶化和水流阻塞等问题，提升河道的水生态承载能力和岸线保护能力，维护流域生态系统健康，实现河湖功能永续利用，建成了“河畅、水清、岸绿、景美、人和”的幸福河湖，形成了巨大潜在的生态效益。

幸福河湖建设，可以促进河湖生态环境复苏。良好的生态环境是最普惠的民生福祉。要深入推进河湖“清四乱”常态化规范化，加快划定落实河湖空间保护范围，加大黑臭水体治理力度，持续开展河湖健康评价，强化地下水超采治理，科学推进水土流失综合治理。深入推进河湖“清四乱”常态化规范化，将清理整治重点向中小河流、农村河湖延伸。

幸福河湖建设，可以加强生态保护修复，实现健康水生态。健全生态环境空间管控体系，划定绿色缓冲带，严格落实河流水域空间管控要求，严厉打击违法违规占用河道岸线、饮用水水源保护区、重要水源涵养区、水生生物重要栖息地等水生态空间行为。要狠抓重点河湖生态保护，维护河湖健康生命。深入践行“绿水青山就是金山银山”的理念，贯彻保护优先、自然恢复的主方针，坚持山水林田湖草系统治理，进一步完善思路、强化举措、狠抓落实，促进河流湖泊面貌持续改善。强化湿地资源保护与

修复，加快滨河滨湖生态湿地建设，提高水环境容量。加强河湖重要物种栖息地修复，保护生物多样性。实施水土流失综合治理，增强水源涵养功能，统筹改善水生态水环境。

五、全面统筹治水国策

党的十八大以来，习近平总书记站在中华民族永续发展的战略高度，提出“节水优先、空间均衡、系统治理、两手发力”治水思路，确立国家“江河战略”，新时代治水事业取得历史性成就。国家“江河战略”涵盖江河湖泊保护治理、流域经济发展、区域协调发展、生态文明建设、文化保护传承等方面，既有战略部署也有具体安排，既有思想观点也有理念方法，既有原则要求也有工作指导，内涵非常丰富，对水利实践具有很强的针对性、指导性。贯彻落实国家“江河战略”，必须紧密联系水利工作实际，统筹做好水灾害防治、水资源节约、水生态保护修复、水环境治理等各项工作，推动新阶段水利工作高质量发展。2023年4月1日，《中华人民共和国黄河保护法》施行，为在法治轨道上推进黄河流域生态保护和高质量发展提供了有力保障。这与此前颁布的长江保护法一起，为中华民族的两条母亲河提供了明确的法律保护，成为全面推进国家“江河战略”法治化的标志性举措。

立足水资源禀赋与经济社会发展布局不相匹配的基本特征，破解水资源配置与经济社会发展需求不相适应的突出瓶颈，这是我国长远发展面临的重大战略问题。必须深入学习领会、坚定不移贯彻落实习近平总书记关于治水工作的重要论述精神，牢牢把握调整人的行为、纠正人的错误行为这条主线，坚持把水资源作为最大的刚性约束，把水资源节约保护贯穿水利工程补短板、水利行业强监管全过程，融入经济社会发展和生态文明建设各方面，科学谋划水资源配置战略格局，促进实现防洪保安全、优质水资源、健康水生态、宜居水环境、先进水文化相统一的江河治理保护目标，建设造福人民的幸福河湖。

近年来，国家基于国情和水情，大力实施“江河战略”，对河湖治理进行了新布局。《中共中央关于制定国民经济和社会发展第十四个五年规划和二〇三五年远景目标的建议》提出了强化河湖长制的要求，全力将河湖长制向纵深推进。河长制湖长制是以习近平新时代中国特色社会主义思想为指导，坚持中国共产党的领导，坚持中国特色社会主义制度，坚持“节水优先、空间均衡、系统治理、两手发力”治水思路，从我国国情水情出发，对河湖管理保护量身定做、行之有效的重大制度创新。实践证明，河长制湖长制是落实绿色发展理念、推进生态文明建设的内在要求，是解决我国复杂水问题、维护河湖健康生命的有效举措，是完善水治理体系、保证国家水安全的制度创新。河长制湖长制，这一举国体制必然而且将进一步发挥其重要作用。

推进幸福河湖建设是国家重要战略的组成部分，是新时代治水思想的集中体现，是中华治水文化的最新成果，不仅为新时代黄河流域生态保护和高质量发展指明了方向，也为江河湖泊保护治理明确了目标。幸福河湖，是新时代的一个新概念、新理念、新方向、新目标和新要求，成为未来河湖治理的主要方向。幸福河湖建设理念的提出从全新的角度为河流治理指明了方向，对水利发展与改革，水治理体系和治理能力的现代化都具有重要意义。建设幸福河湖需要遵循社会发展的基本规律，更加贴近人民生活和心理感受，是今后我国水治理的重要方略。

推进幸福河湖建设，全面统筹治水国策，要健全政党同责、以政党主要领导负责制为核心的责任机制。健全覆盖河湖的组织体系，打破行业和地域界限，强化部门间协同配合，实行联合办公、联合执法、公益诉讼，形成政党负责、水利牵头、部门联动、社会参与的工作格局。以目标为引领，以问题为导向，针对河湖存在的突出问题，实行专项整治、集中打击、重点突破、限期完成。全面加大监督和激励问责力度，实施有效的监督与考核机制。

第二章

幸福河湖顶层擘画部署与建设逻辑理路

黄河流域生态保护和高质量发展是习近平总书记亲自擘画、亲自部署和推动的重大国家战略。党的十八大以来，以习近平同志为核心的党中央着眼于生态文明建设全局，系统设计、全面部署，将黄河流域生态保护和高质量发展上升为国家战略，围绕解决黄河流域存在的矛盾和问题，开展了大量工作，并提出建设“幸福河”来指导新时期的河流保护与开发工作。步入新时代，人们对水治理的要求已经不限于传统意义的水安全，还有很多更高的要求和向往。“幸福河”的提出既是历史治水任务的传承，更是新的历史发展阶段国家水治理的新高度和新要求，对黄河具有特殊重要的意义，对其他流域也具有重大的参考借鉴价值。

第一节　幸福河湖顶层擘画部署

一、首提“造福人民幸福河”

黄河是中华民族的母亲河，孕育了光辉灿烂的中华文明，而黄河历史上又曾给人类带来无数次灾难，“三年两决口，百年一改道”，保护黄河是事关中华民族伟大复兴的千秋大计。党的十八大以来，习近平总书记把保护黄河作为治国理政的大事来抓，倾注了大量心血。总书记十分关心黄河流域生态保护和高质量发展，多次实地考察黄河流域生态保护和发展情况，足迹遍及黄河上中下游9省（自治区），并就黄河保护治理工作作出重要指示批示，在深入调研与思考过程中，思路逐步明晰起来。

2014年3月，习近平总书记在河南兰考调研指导党的群众路线教育实践活动，奔赴河南兰考的“黄河最后一道弯”，了解黄河防汛和滩区群众生产生活情况，叮嘱当地干部要切实关心贫困群众，带领群众艰苦奋斗，早日脱贫致富；2016年7月，习近平总书记在宁夏考察调研时强调，要加强黄河保护，坚决杜绝污染黄河的行为，让母亲河永远健康；2016年8月，习近平总书记在青海听取黄河源头鄂陵湖—扎陵湖观测点生态保护情况汇报，并就做好管护工作进行深入交流，嘱托要确保“一江清水向东流”；2017年6月，习近平总书记在山西晋绥边区革命纪念馆寻访毛泽东等中央领导同志渡过黄河驻扎于此的足迹，用深植于黄河文化的“吕梁精神”鼓励当地干部群众。

2019年8月，在甘肃兰州察看黄河两岸生态修复和景观建设，指出黄河、长江都是中华民族的母亲河，保护母亲河是事关中华民族伟大复兴和永续发展的千秋大计。要坚持山水林田湖草综合治理、系统治理、源头治理，统筹推进各项工作，加强协同配合，共同抓好大保护，协同推进大治理，首次提出“推动黄河流域高质量发展，让黄河成为造福人民的幸福河”的号召。

“推动黄河流域高质量发展，让黄河成为造福人民的幸福河”，是习近平总书记多次实地考察黄河流域生态保护和经济社会发展情况后，客观分析了黄河治理和黄河流域经济社会发展的成就以及仍存在的突出问题，为黄河流域生态保护和发展擘画的宏伟蓝图。

二、再提“造福人民幸福河”

2019年9月18日，习近平总书记在郑州主持召开黄河流域生态保护和高质量发展座谈会并发表重要讲话，强调“要坚持绿水青山就是金山银山的理念，坚持生态优先、绿色发展，以水而定、量水而行，因地制宜、分类施策，上下游、干支流、左右岸统筹谋划，共同抓好大保护，协同推进大治理，着力加强生态保护治理、保障黄河长治久安、促进全流域高质量发展、改善人民群众生活、保护传承弘扬黄河文化，让黄河成为造福人民的幸福河”。座谈会上将推动黄河流域生态保护和高质量发展上升为国家战略，并发出了“让黄河成为造福人民的幸福河”的时代强音。

习近平总书记发出的“让黄河成为造福人民的幸福河”的伟大号召，具有鲜明的时代特征、丰富的思想内涵、深远的战略考量。不仅告诉我们大江大河治理的使命是为人民谋幸福，大江大河治理的定位事关中华民族的伟大复兴和永续发展千秋大计，还告诉我们大江大河治理的主要矛盾发生了重大变化，实现“幸福河”目标是贯穿新时代江河治理保护的一条主线。对于黄河而言，要抓住水沙关系调节这个“牛鼻子”，做到确保大堤不决口、确保河道不断流、确保水质不超标、确保河床不抬高。对于全国江河而言，要做到防洪保安全、优质水资源、健康水生态、宜居水环境，四个方面一个都不能少。

“让黄河成为造福人民的幸福河”的伟大号召，站在实现中华民族伟大复兴的战略高度，深刻阐述了事关黄河流域生态保护和高质量发展的根本性、方向性、全局性重大问题，明确提出黄河流域共同抓好大保护、协同推进大治理等重要部署，为推进新时代治水提供了科学指南和根本遵循。习近平总书记的重要讲话中蕴含了对治水理念的深刻揭示与科学把握，具有很强的政治性、理论性和指导性，不仅是黄河流域、与黄河有关的工作要认真遵循，全国其他流域、其他地区水利工作都要认真遵循。

“让黄河成为造福人民的幸福河”的伟大号召，既是黄河治理保护的目标，也是新时代全国江河湖泊治理保护的根本目标。党的十九届四中全会明确提出：加强长江、黄河等大江大河生态保护和系统治理。2020年全国水利工作会议明确“建设造福人民的幸福河”，是坚持和深化水利改革发展总基调要把握的总体目标，强调“必须做到防洪保安全、优质水资源、健康水生态、宜居水环境、先进水文化，一个都不能少”。各流域管理机构要全面理解建成“幸福河”战略目标，准确把握“重在保护，要在治理”战略要求，站在全局的高度深入考量流域水利工作，找准制约流域水利发展的问题症结，研究破解水资源、水生态、水环境、水灾害四大水问题的关键举措，让七大流域各大江河，都成为造福人民的幸福河。

“幸福河”三个字，以人为本，意蕴深远，重若千钧。让黄河成为造福人民的“幸福河”，有着丰富内涵和广阔外延。学习体悟黄河流域生态保护和高质量发展重大战略部署要求，根本指向在于让黄河成为造福人民的“幸福河”。

三、站位“造福中华民族”

2021年10月22日，习近平总书记在山东省济南市主持召开深入推动黄河流域生态保护和高质量发展座谈会并发表重要讲话，他强调，要科学分析当前黄河流域生态保护和高质量发展形势，把握好推动黄河流域生态保护和高质量发展的重大问题，咬定目标、脚踏实地，埋头苦干、久久为功，确保“十四五”时期黄河流域生态保护和高质量发展取得明显成效，为黄河永远造福中华民族而不懈奋斗。习近平总书记的重要讲话，科学、系统、深刻阐述了黄河流域生态保护和高质量发展的战略方向、重大问题和关键任务，为深入推动黄河流域生态保护和高质量发展提供了根本遵循和科学指南。

黄河是中华民族的重要象征，是中华民族精神的重要标志。从某种意义上讲，中华民族治理黄河的历史也是一部治国史。“黄河宁，天下平”。扎实推进黄河大保护，确保黄河安澜，是治国理政的大事。习近平总书记发出的“为黄河永远造福中华民族而不懈奋斗”的伟大号召，立足于推动黄河流域生态保护和高质量发展的国家重大战略，是作为新时代河流治理的终极目标。要从根本宗旨上把握，为人民谋幸福、为民族谋复兴是新发展理念的“根”和“魂”，也是一切水利工作的出发点和落脚点。

从“让黄河成为造福人民的幸福河”到“为黄河永远造福中华民族而不懈奋斗”，习近平总书记在两次座谈会上发出的伟大号召，出发点和落脚点都是为人民谋幸福，充分彰显了亲民、爱民、忧民、为民的领袖情怀。要坚持以人民为中心的发展思想，深刻认识推动黄河流域生态保护和高质量发展是满足流域人民对美好生活向往的必然要求，用心用情用力解决好流域人民急难愁盼的“水问题”，持续提升流域人民群众的获得感、幸福感、安全感。幸福河是以人民为中心的发展思想和习近平生态文明思想的集中体现，寄托着人民群众对美好幸福生活的向往。建设幸福河湖是推进高质量发展的必然要求，是建设人与自然和谐共生现代化的重要举措，也是对人民群众美好生活向往的切实回应。

第二节　幸福河湖建设逻辑理路

习近平总书记于2019年、2021年两次召开座谈会，将黄河流域生态保护和高质量发展上升为国家战略，并提出建设“幸福河”来指导新时期的河流保护与开发工作。党中央、国务院将黄河流域生态保护和高质量发展视为事关中华民族伟大复兴和永续发展的千秋大计，从全面提升国家水安全保障能力的高度统筹谋划。水利部会同各地各有关部门坚决贯彻习近

平总书记建设造福人民的幸福河的伟大号令，全面部署，高位推动，试点先行，共同推进幸福河湖建设取，不断完善幸福河湖管理建设的工作目标与实施指南。

一、2020年水利部提出“构建美丽河湖、健康河湖”

2020年2月25日，水利部印发《2020年河湖管理工作要点》，明确指出：2020年，河湖管理工作要以习近平新时代中国特色社会主义思想为指导，深入学习贯彻习近平总书记关于长江大保护、黄河流域生态保护和高质量发展的重要讲话精神，全面落实习近平总书记“节水优先、空间均衡、系统治理、两手发力”治水思路，坚定不移践行“水利工程补短板、水利行业强监管”水利改革发展总基调，坚持问题导向、目标导向、结果导向，坚持务实、高效、管用，以推动河湖长制“有名”“有实”为主线，强化河长湖长履职尽责，抓好河湖“清四乱”常态化规范化等项工作。同时，明确要求加强河湖长制和河湖管理暗访督查，夯实河湖划界、规划编制、制度建设、信息化等基础工作，通过立规矩、固基础、建机制、强督查、求创新，全力打好河湖管理攻坚战，以钉钉子精神持续发力，不断推进河湖治理体系和治理能力现代化，推动河湖面貌根本好转，构建美丽河湖、健康河湖，让每条河流都成为造福人民的幸福河。这里，明确提出了“构建美丽河湖、健康河湖，让每条河流都成为造福人民的幸福河。”与2019年所提出的“让人民群众满意的幸福河”相比较，“造福人民的幸福河”更准确、更深刻，体现出水利部在推进幸福河湖建设过程中，思路日益完善。

为加快推动河湖长制“有名”“有实”，《2020年河湖管理工作要点》中明确要求：深入推动落实河湖长制任务，进一步加强部门沟通协调，形成工作合力。督促地方编制实施“一河一策”“一湖一策”，组织指导有关地方打造一批示范河湖。这里的“一批示范河湖”就是“造福人民的幸福河”。

《2020年河湖管理工作要点》中还明确提出，加大河湖管理基础工作力度，持续推进智慧河湖建设。这里将“智慧河湖建设”纳入工作目标，已经彰显出“加强河湖管理”与“持续推进智慧河湖建设”的科学视域和实施理路。

二、2020年水利部编制完成《河湖健康评价指南》

2020年8月，水利部河长办印发《河湖健康评价指南（试行）》的通知。《河湖健康评价指南（试行）》第一次系统阐述了河湖健康的总体目标和要求，科学制定了指标体系和评价标准，成为加强河湖管理保护、科学评价河湖健康状况，指导落实河湖长制的指南和规范文件。在水利部河湖管理司主持下，《河湖健康评价指南（试行）》由南京水利科学研究院编制完成，中国水利水电科学研究院参编。该指南创新完善了河湖健康评价的内在理路，其显著特点如下。

（一）评价工作，开放性综合性兼具

《河湖健康评价指南（试行）》中对评价组织、评价指标以及结果运用进行了开放性的论证、综合性的评价，是开展实施幸福河湖健康评价的指导性文件。

第一是评价组织。河湖健康评价工作，由省、市、县级河长制办公室组织。河湖健康评价报告，报经同级河长湖长同意后，可向社会公布。

第二是评价指标。该指南确定的河湖健康评价指标体系具有开放性，既可以采用全部指标进行综合评价，反映河湖健康总体状况，也可以选用准则层或指标层中的部分内容进行单项评价，反映河湖某一方面的健康水平。

第三是结果运用。通过河湖健康评价，查找问题，剖析“病因”，研究提出对策，作为编制“一河（湖）一策”方案的重要依据。各级河长制办公室组织的河湖健康评价，评价报告应及时报送同级河长湖长和上级河长制办公室。省级河长制办公室组织的河湖健康评价，评价报告请报送水利部河长办一式两份。

（二）评价职能，“有名有实”更“有责”

《河湖健康评价指南（试行）》明确指出，河湖健康评价是河湖管理的重要内容，是检验河长制湖长制“有名”“有实”的重要手段，更是推动河湖健康评价的重要抓手。本指南结合我国的国情、水情和河湖管理实际，基于河湖健康概念从生态系统结构完整性、生态系统抗扰动弹性、社会服

务功能可持续性三个方面建立河湖健康评价指标体系与评价方法，从“盆”、“水”、生物、社会服务功能等4个准则层对河湖健康状态进行评价，有助于快速辨识问题、及时分析原因。

（三）评价原则，科学性实用性并重

《河湖健康评价指南（试行）》中，明确河湖健康评价工作应遵循以下原则：

（1）科学性原则：评价指标设置合理，体现普适性与区域差异性，评价方法、程序正确，基础数据来源客观、真实，评价结果准确反映河湖健康状况。

（2）实用性原则：评价指标体系符合我国的国情水情与河湖管理实际，评价成果能够帮助公众了解河湖真实健康状况，为各级河长湖长及相关主管部门履行职责提供参考。

（3）可操作性原则：评价所需基础数据应易获取、可监测。评价指标体系具有开放性，既可以对河湖健康进行综合评价，除必选指标外，各地可结合实际选择备选指标或自选指标。

三、2021年水利部首次提出“努力打造幸福河湖”

2021年4月30日，水利部办公厅印发了《2021年河湖管理工作要点》，明确指出：2021年，河湖管理工作以习近平新时代中国特色社会主义思想为指导，全面贯彻党的十九大精神，全面贯彻新发展理念，深入落实习近平总书记“节水优先、空间均衡、系统治理、手发力”治水思路，完善河湖管理体制机制法制，强化落实河湖长制，以长江、黄河等重要江河流域为重点，深入推进河湖“清四乱”常态化规范化，扎实开展河道采砂综合整治，加强河湖日常巡查管护，努力打造健康河湖、美丽河湖、幸福河湖，以优异成绩庆祝建党100周年。在这里，水利部明确提出“努力打造健康河湖、美丽河湖、幸福河湖”的思路和目标。也就是说，“努力打造”“幸福河湖”的理念是具有开启意义的，是第一次明确提出。

《2021年河湖管理工作要点》在第四部分“夯实四个基础”中，提出“开展河湖健康评价”的目标，就是指导督促各地因地制宜开展河湖健康评价工作，逐步建立河湖健康档案，滚动编制完善“一河（湖）一策”方案，推动河湖系统治理。同时，要求积极推进智慧河湖建设，完善河湖长制信息管理系统，加强与地方河湖长制信息系统互联互通，充实完善河湖管理范围划定和岸线保护利用规划成果、“一河（湖）一档”“一河（湖）一策”方案，逐步实现数字化、智慧化、精细化。丰富完善“四乱”问题的监管手段，充分运用卫星遥感、无人机、App等，提高河湖管理信息化水平。

四、2022年水利部提出幸福河湖建设二十五字目标

2022年4月，水利部办公厅印发《关于开展幸福河湖建设的通知》，明确指出，要深入贯彻落实习近平生态文明思想和习近平总书记关于建设造福人民的幸福河的重要指示精神，推动河湖长制“有名有责”“有能有效”，持续改善河湖面貌，进一步增强人民群众获得感、幸福感、安全感。《关于开展幸福河湖建设的通知》明确了总体目标，即用一年左右时间，通过实施系统治理和综合治理，按照“防洪保安全、优质水资源、健康水生态、宜居水环境、先进水文化”的二十五字目标，实现河畅、水清、岸绿、景美、人和，打造人民群众满意的幸福河湖。这里，第一次将幸福河湖建设的二十五字目标科学、概括地提出，并将建设幸福河湖的核心内容“河畅、水清、岸绿、景美、人和”正式确定下来，以此来打造“人民群众满意的幸福河湖”，这就表明，建设实施“幸福河湖”的思路已经日益成熟，并从理论和技术上找到了有效支撑。

《关于开展幸福河湖建设的通知》对建设幸福河湖的内容进行了科学的阐释，就是以习近平新时代中国特色社会主义思想为指导，以增进人民群众的获得感、幸福感、安全感为落脚点，坚持“绿水青山就是金山银山”理念，突出流域治水单元，坚持河流整体性和流域系统性，坚持综合治理、系统治理、源头治理，提升江河湖泊生态保护治理能力，提升江河湖泊生态价值，助推流域经济发展、居民生产生活水平提高，根据河湖自然禀赋和现实状况，因地制宜、分类施策开展幸福河湖建设，让河湖保护治理水平和人民生活水平、幸福指数同步提升。

五、2023年水利部制定幸福河湖建设项目实施指南

2023年4月，水利部办公厅印发了《幸福河湖建设项目实施方案编制

指南》。该指南明确提出幸福河湖建设坚持的基本原则是：坚持以人为本、保障安全；坚持生态优先、绿色发展；坚持系统治理、综合施策；坚持因地制宜、突出特色；坚持人水和谐、助力发展等。

《幸福河湖建设项目实施方案编制指南》在“建设目标”中明确指出，要统筹考虑具体河湖所在区域经济社会发展需要、建设需求与投资规模，与流域综合规划、水资源综合规划、防洪规划、河湖整治规划、岸线保护利用规划以及当地经济社会发展规划等相衔接，从河湖系统治理、河湖管护能力提升、助力流域区域发展等方面，提出纳入建设范围的河湖的建设目标，明确幸福河湖建设水平要求。

《幸福河湖建设项目实施方案编制指南》对“预期效果评估”进行了阐释，明确提出，从水安全、水资源、水环境、水生态、水文化等方面，描述河湖系统治理预计提升水平；从组织体系、长效管护、数字化建设等方面，描述河湖管理能力预计提升水平；从挖掘河湖生态价值，改善区域居民环境、带动就近致富等方面，描述幸福河湖助力流域区域发展预计提升水平。其中蕴含着从幸福河湖的建设实施到指标评级已经初具格局，其中的内涵已经成为幸福河湖建设的基本准则。

六、2023年水利部提出幸福河湖建设十二字目标

2023年4月20日，水利部办公厅印发《关于开展2023年幸福河湖建设的通知》，提出建设“安澜、健康、智慧、文化、法治、发展”十二字目标的幸福河湖，持续提升人民群众的获得感、幸福感、安全感。

《关于开展2023年幸福河湖建设的通知》确定的总体目标是：以习近平新时代中国特色社会主义思想为指导，牢固树立“绿水青山就是金山银山”的理念，用一年时间，建设安澜、健康、智慧、文化、法治、发展的幸福河湖，持续提升人民群众的获得感、幸福感、安全感。主要建设内容有：岸坡整治和生态护坡护岸，河湖管护智慧监管设施，严格保护河湖水域岸线空间、建设便民利民亲水设施、开展水文化保护传承与挖掘创新、构建河湖管护长效机制、优化河湖资源配置、挖掘河湖生态价值。

仔细分析《关于开展2023年幸福河湖建设的通知》内容，明显地发现，其中“安澜、健康、智慧、文化、法治、发展”十二字目标的幸福河

湖与实际开展的岸坡整治和生态护坡护岸，河湖管护智慧监管设施，严格保护河湖水域岸线空间、建设便民利民亲水设施、开展水文化保护传承与挖掘创新、构建河湖管护长效机制、优化河湖资源配置、挖掘河湖生态价值等主要建设内容的思路和实现途径是一致的，也是统一的。

第三章

幸福河湖的定义、内涵及特征

推进幸福河湖建设，要深刻理解幸福河湖的内涵要义。把握造福人民的“幸福河湖”内涵要义，既要从人类幸福的需求出发，又要考虑河湖自身健康，更要考虑人类与河湖相互制约支撑以及和谐发展的关系。而“幸福河湖”的内涵和使命，就是河湖保护与治理要满足人民群众对美好家园美好生活的全部需求，本质上就是为人民谋幸福，为中华民族谋复兴。

第一节　幸福河湖的定义

幸福河湖是一个科学的命题，其内涵丰富，寓意深刻。幸福河湖是以水管理为抓手，以水经济为驱动，包括水系统、水网络、水资源、水空间、水安全、水经济、水生态、水环境、水文化、水管理十大元素，共构“人水和谐、十水惠民”的新时代中国河湖模式，这一模式体现了习近平总书记反复强调的以人民为中心的执政理念。

一、实践案例中的幸福河湖定义

当前，在幸福河湖建设过程中，各地在制定标准和技术指南及评价规范中，分别对幸福河湖的定义进行了界定。其中，有代表性的定义如下：

(1)《福建幸福河湖评价导则地方标准》（送审稿）中，幸福河湖定义是：在维持流域内河湖（库）生态系统自身健康和功能永续的基础上，满足人民群众对美好生活多元化的需求，支撑区域经济社会高质量发展，让流域内人民具有与我省经济社会发展水平相适应的安全感、获得感与满意度，是自然系统与人类需求实现共同、协调、高质量发展的河湖系统，是“安全、健康、生态、美丽、和谐”的集中体现。

(2)《南京市幸福河湖评价规范（试行）》（2021年9月）中，幸福河湖定义是：具备自然流畅、水质优良、岸绿景美、生物多样等自然健康的生态系统；满足安全可靠、管理高效、人文彰显、惠民宜居等幸福可感的群众需求；由社会多元主体共谋共建、共治共管，让人民具有高度安全感、获得感与幸福感的河湖。

(3)《南京市幸福河湖建设技术指南（试行）》（2021 年 10 月）中，幸福河湖定义是：具备自然流畅、水质优良、水清岸绿、生物多样、景观协调等自然健康的生态系统；满足安全可靠、管理高效、人文彰显、惠民宜居等幸福可感的内在需求；由社会多元主体共谋共建、共治共管，让人民具有高度安全感、获得感与幸福感的河湖。

(4)《浙江湖州南浔区（平原区）幸福河湖建设规范》中，幸福河湖定义是：在各种复杂环境因素交互影响下，河湖能够保持完整通畅的水系结构、种类多样的生物群落、长期稳定的调节机制、全面深刻的文化彰显、居民满意的生活环境，既能满足行洪排涝要求，又能保持生态完整与动态平衡要求，还能保障人类经济社会可持续发展和美好生活合理需求。

(5)《长三角生态绿色一体化发展示范区幸福河湖评分标准（试行）》（2022 年 11 月）中，幸福河湖定义是：在维持自身健康基础上，能够支撑流域和区域经济社会高质量发展，体现人水和谐，让流域内人民具有安全感、获得感与愉悦感的河流、湖泊、水库，是河安湖晏、水清岸绿、鱼翔浅底、文昌人和、公众满意的河湖。

(6)《云南省美丽河湖评定指南（试行）》中，幸福河湖定义是：能够满足“防洪保安全、优质水资源、健康水生态、宜居水环境、和谐水文化、有效水管理”要求，达到“安全生态、水清河畅、岸绿景美、人水和谐”目标，让流域成为人民群众满意的幸福河流（河段）、湖泊及水库。

(7)《泰州市“星际”幸福河湖评定办法（试行）》（2021 年 8 月）中，幸福河湖定义是：指河安湖晏、水清岸绿、鱼翔浅底、文昌人和的河湖，展现“灵动洁净的水体美＋绿色文明的生态美＋自然开阔的空间美＋彰显文蕴的意境美＋安定吉祥的生活美”。

二、理论探索中的幸福河湖定义

当前，国内理论界在对幸福河湖研究探索过程中，较为有代表性的定义，大体如下：

(1) 以左其亭为代表的定义：“幸福河”就是造福人民的河流，具体是指河流安全流畅、水资源供需相对平衡、河流生态系统健康，在维持河流生态系统自然结构和功能稳定的基础上，能够持续满足人类社会合理需求，人与河流和谐相处的造福人民的河流。

（2）以唐克旺为代表的定义：建设“幸福河”，就应该在研究人水相互作用关系基础上，根据人类的水需求，采取措施不断提升和改进水治理与水服务，从而逐步提高人类幸福感。幸福河的内涵需要依据心理学理论来分析。对水来说，基本需求层次包括水旱灾害防御、水环境质量、生活用水保障等，发展需求层次则包括生产性用水保障程度及用水产出、水生态及审美、涉水娱乐需求等。

（3）以谷树忠为代表的定义：所谓幸福河湖，是指灾害风险较小、供水保障有力、生态环境优良、水事关系和谐的安澜河湖、民生河湖、美丽河湖、和谐河湖。

（4）以马林云为代表的定义：幸福河首先是一条平安的河，安全是人们对河湖的基本诉求，只有江河安澜，百姓才能安居，生活才能幸福；幸福河其次是一条健康的河，只有河湖健康，才能鱼翔浅底、沙鸥翔集，才能给人们美的享受；幸福河还是一条宜居的河，择水而栖，择江而居；幸福河更是一条富民的河，是沿岸百姓产业兴旺的源泉。

（5）以陈茂山为代表的定义：把握造福人民的“幸福河”的内涵，既要从人类幸福的需求出发，又要考虑河流自身健康，更要考虑人类与河流相互制约支撑以及和谐发展的关系：从人的角度看，“幸福河”首先要满足人民群众对美好生活的向往；从河流的角度看，“幸福河”要维持河流生态系统自身的健康；从人与河流的关系看，“幸福河”要坚持人水和谐，实现流域高质量发展。

三、结论：幸福河湖通用定义

“幸福河湖”从字面上理解是让人民感觉到幸福的河湖，是在“安全河湖”“健康河湖”“美丽河湖”基础上的跃升。幸福河是造福人民的河流，既要力求维护河流自身健康，又要追求更多造福人民，具体体现为以下几方面的要求：维护河湖健康是幸福河湖的前提基础，为人民提供更多优质生态产品是幸福河湖的重要功能，支撑经济社会高质量发展是幸福河湖的本质要求，人水和谐是幸福河湖的综合表征，能否让人民具有安全感、获得感与满意度是幸福河湖的衡量标尺。

把握“幸福河湖”的科学内涵，既要从人民幸福的需求出发，又要充分考虑河湖的自身健康，更要考虑人民与河流相互制约支撑、和谐发展的依存关系。从河流的角度看，河流的完整性和连续性是河流的生理需求和安全需求，可以概括为基本需求；具有适宜性的河道生态流量、水质良好、河流生物栖息地功能较好发挥，可以概括为中层次的发展需求；河流生态水量丰富、水质优良、生物多样性丰富、景观优美可以概括为高层次的和谐需求。从人类社会的角度看，满足人类基本用水的供水安全、满足一定防洪标准、水体环境较好是基本需求；经济社会持续发展、具有可靠清洁的供水、保持较为良好的流域水环境等则可概括为发展需求；人类发展指数持续增加、可靠清洁的供水安全、丰富多彩的水文化和水景观、公众积极参与水治理等可以概括为高层次的和谐需求。幸福河湖实际上是人与河流相互博弈的过程，建设幸福河湖是一个从冲突到和谐的过程，人水和谐是实现幸福河湖最高层次需求的表现。

总而言之，幸福河湖要满足人的生态安全需要、经济发展需要、民生福祉需要、文化积淀需要，进而实现人水和谐共生，这既是幸福河湖深刻内涵的系统表述，也是幸福河湖建设所应坚持的方向指引。

对幸福河湖内涵进行深入研究时发现，幸福河湖的内涵（特征、实现途径）与新时代人民幸福观的内涵（特征、实现途径）有着高度的契合性和统一性。同时，幸福河湖是人民幸福的实现载体之一与重要组成部分，其内涵应符合人民幸福的总体要求。幸福湖河要能够满足人类对用水的需要（物质需求）和水流衍生物的文化审美需要（精神需求），在物质和精神方面为人类造福的河湖。客观上看，河湖是否幸福，表现为是否发生水灾、水污染及水生态环境是否被破坏等情况。所以，“幸福河湖”的定义既具有河湖的自然属性，亦包含其社会属性。概而言之，“幸福河湖”的概念没有绝对的界定，是一种不断变化的描述，是河流生态保护与人类经济社会对河流需求总体上的一种平衡。

目前，国内已经达成共识的幸福河湖定义来源于中国水利水电科学研究院发布的《中国河湖幸福指数报告 2020》：幸福河湖是指能够维持河流湖泊自身健康，支撑流域和区域经济社会高质量发展，体现人水和谐，让

流域内人民具有高度安全感、获得感与满意度的河流湖泊；幸福河湖就是永宁水安澜、优质水资源、宜居水环境、健康水生态、先进水文化相统一的河湖，是安澜之河、富民之河、宜居之河、生态之河、文化之河的集合与统称。又可以简述为：幸福河湖是永宁水安澜、优质水资源、宜居水环境、健康水生态、先进水文化相统一的河湖，既能够维持河流湖泊自身健康，支撑流域和区域经济社会高质量发展，又能体现人水和谐，让流域内人民具有高度安全感、获得感与满意度的河流湖泊。

鉴于此，本书对幸福河湖的定义为：幸福河湖是指河流湖泊处于安澜、生态的状态下，流域和区域经济社会高质量发展，人民生活福祉的有效提升，文化承载能力持续增强的河流湖泊。

亦可言：幸福河湖容纳了持久水安澜、优质水资源、宜居水环境、健康水生态、先进水文化、人水共和谐、智慧水管理的内涵，支撑流域和区域经济社会高质量发展，人民群众具有高度的安全感、获得感与幸福感的河流湖泊。

第二节　幸福河湖的内涵

幸福河湖是新时代按照新发展理念实施推进的治水方略。推进幸福河湖应立足河湖的社会经济效益效能的提档升级，总体上可以以“幸福＋”“生态＋”“文化＋”等作为幸福河湖的切入口。幸福河湖建设要以满足人民对美好生活的向往为目标，以人民群众的获得感和幸福感为衡量标准。通过幸福河湖建设，拓展国土安全水底色，丰富大花园秀水亮色，擦亮母亲河文化特色，绘就美丽经济新轴线，营造全民治水新境界。按照新时代人民幸福的内涵要义，概括归纳出幸福河湖的核心内涵共计 14 个字：安澜、富民、宜居、生态、文化、和谐、智慧。

这 14 个字之间的内涵联系紧密（图 3－1），同时它们还可以从本质上被阐释为 7 个方面。

一、“江河安澜、人民安宁”的安澜之河

这里的安澜之河，包含了防洪水安全、持久水安全、安全水保障等不

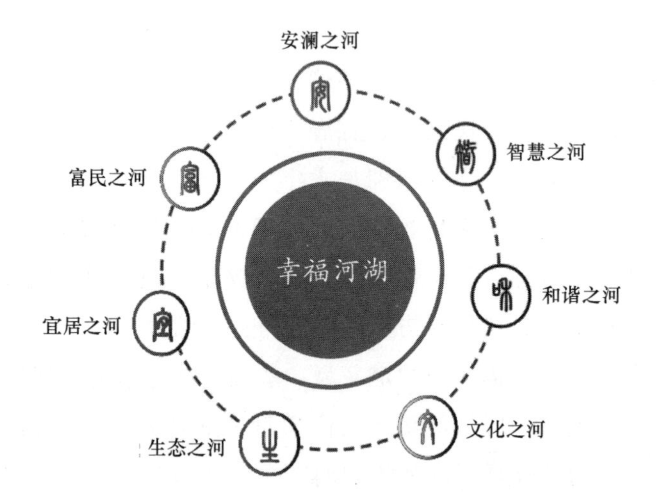

图 3－1　幸福河湖的核心内涵

同形式的表征内容。《浙江省县级全域幸福河湖建设规划编制提纲》中对“安全保障”的表述为：根据县域内防洪排涝问题与需求，提出江河防洪能力、城市内涝治理能力提升等方面详细建设任务和具体工程措施，使城镇、重要基础设施、重点工矿企业等重点保护对象防洪能力全面达标，沿线万亩以上农田的防洪达标率进一步提升，构建“江河安澜”的防洪减灾工程体系。

2021 年 12 月，广西壮族自治区水利厅、广西壮族自治区水利科学研究院编制的《广西美丽幸福河湖“十四五”建设方案》中，对“持久水安全”的表述是：以保障人民生命财产安全、确保城乡平稳有序运行为目标，立足防大灾抗大险，依托河长制组织体系和责任体系，全面实施防洪提升工程，整体提升洪涝灾害防御能力和超标准洪水应对能力，保障人民群众生命财产安全和经济社会健康稳定。打造雨水全过程高质量精细化管理的立体防洪（潮）排涝体系，从被动响应转变为主动防御，刚性防御转变为柔性防御，实现持久水安全目标。

2021 年 10 月出台实施的《南京市幸福河湖建设技术指南》中，对“水安全”的表述为：从堤（坝）岸安全建设、河湖行蓄水能力建设、水工建筑物安全三大方面，通过完善防洪排涝工程体系，提高行蓄水能力，保障河湖安澜。

二、“供水优质、生活富裕”的富民之河

这里的富民之河，包含了优质水资源、富民惠民、优化水资源配置等不同形式的表征内容。2021 年 12 月，广西壮族自治区水利厅、广西壮族自治区水利科学研究院编制的《广西美丽幸福河湖“十四五”建设方案》中，对“优质水资源”这样表述：落实最严格水资源管理，严守三条红线，统筹生活、生产、生态用水需求，加强水库防洪、供水、生态等多目标调度，优化水资源配置，强化雨洪资源利用，实现优质水资源目标，为经济社会高质量发展提供优质的水资源保障。

《浙江省县级全域幸福河湖建设规划编制提纲》中对“富民惠民”的表述是：积极拓宽绿水青山就是金山银山转化通道，挖掘河湖生态价值，探索河湖生态产品价值实现机制。合理安排滨水区域的生态、商业、文化功能，培育亲水旅游、临水康养、涉水制造、滨水运动等涉水产业，激活绿色发展新动能，促进地方特色经济发展。

2021 年 10 月出台实施的《南京市幸福河湖建设技术指南》中，对“水资源”表述为：从水资源配置与调控体系建设、水资源供给能力建设两大方面，通过严格水资源管理、优化水资源配置、加强供水保障，支撑社会经济高质量发展。

三、“水清岸绿、宜居宜赏”的宜居之河

这里的宜居之河，包含了水清岸绿、宜居宜赏、宜居水环境等不同形式的表征内容。对宜居之河的通常阐释为：所谓宜居之河，就是水清岸绿，宜赏宜居，怡养身心的幸福河湖。

《海南省幸福河湖验收指南》中对“水清岸绿”的表述是：水质达标，无超标污水入河，无非法排污口，入河排口整治规范，建立河湖监测体系，无明显漂浮物，水体总体感官较好；岸坡水土保持良好，岸线绿化覆盖率较高，堤防、护岸在满足安全的基础上，符合生态化要求。

2021 年 12 月，广西壮族自治区水利厅、广西壮族自治区水利科学研究院编制的《广西美丽幸福河湖“十四五”建设方案》中，对“宜居水环境”的表述为：以水污染治理为基础，巩固提升水污染治理成效，改善河

湖水环境质量，推动河湖从“水净”向“水美”迈进，打造干净整洁的河湖空间，让每个水利设施都成为风景，营造自然秀丽的河湖形态，建设风景如画的滨水景观，打造宜居水环境，让城市因水而美，产业因水而兴，百姓因水而乐。

《浙江省县级全域幸福河湖建设规划编制提纲》中对“美丽宜居”的表述为：在确保安全、保护生态的前提下，提出在河湖岸带两侧因地制宜开辟优质创新的滨水慢行交通网络、滨水休闲节点、便民配套设施等活动空间。改善城乡人居环境，打造“未来社区”“未来乡村”“城乡风貌样板区”，使沿线居民对河湖环境满意度稳步提高，形成“美丽宜居”的滨水河湖空间。

四、“鱼翔浅底、生态完整”的生态之河

这里的生态之河，包含了健康水生态、生态健康、河湖生态完整等不同形式的表征内容。对生态之河的通常阐释是：生态之河就是生态多样化、生态完整性，形成鱼翔浅底、河湖健康的生态之河。

《浙江省县级全域幸福河湖建设规划编制提纲》中对“生态健康”的表述为：根据河湖生态健康存在的问题与需求，提出河湖水生态改善、水环境提升、生物多样性保护等方面建设任务和措施，提升水生态系统稳定性，维护河湖健康生命，恢复生物多样性，形成“鱼翔浅底、鸥鹭成群”的清水廊道。

2021 年 12 月，广西壮族自治区水利厅、广西壮族自治区水利科学研究院编制的《广西美丽幸福河湖“十四五”建设方案》，对“健康水生态”的表述为：以水环境质量改善为基础，提升水体自净能力，促进水生生境与生物多样性修复，坚持保护优先，自然恢复为主，实施水生态环境保护与修复工程，逐步恢复和维持水生态系统完整性，打造河畅水清、鱼翔浅底、鸟栖水岸的“量一质一生态”三位一体健康水生态。

五、“大河文明，精神家园”的文化之河

这里的文化之河，包含了先进水文化、河湖水文化、传承水文化等不同形式的表征内容。2021 年 12 月，广西壮族自治区水利厅、广西壮族自治

治区水利科学研究院编制的《广西美丽幸福河湖“十四五”建设方案》中，对“先进水文化”的表述为：以区域文化底蕴为依托，彰显河湖人文特色，开展各项文化物质及精神载体建设，打造具有高辨识度、知名度和美誉度的河湖人文品牌，传承传统文化，以大江大河为主干，统筹广西地形地貌、河流水系、水利遗迹与工程建设等，弘扬治水文化、保护山水景观、凸显本土特色，提升水景观水文化建设与保护水平。

《江苏省关于推进全省幸福河湖建设的指导意见》中对“先进水文化”表述为：保护好、传承好、弘扬好河湖文化，延续历史文脉，提高文化自信。系统调查梳理水文化遗产、水系变迁和治理历史脉络，编制水文化建设规划，将水文化作为河湖治理、水利建设的重要内容，着力营造水岸共生、文景共荣的城市河湖，普遍呈现生态自然、留住乡愁记忆的农村河道，增强人民群众的获得感。依托水利枢纽和河湖水域，大力推进水情教育基地、节水科普基地、河长制主题公园、水利风景区、亲水乐水载体建设，丰富水文化展示方式。常态化开放水利水运工程非核心区域场所，建立水文化公共服务体系，开展寻找长江、运河记忆系列活动，增强全社会特别是青少年节水护水的思想意识和行动自觉。到2030年，水文化遗存有效保存率达到100%，现代水文化形态不断呈现，水文化得到传承弘扬。

六、“人水和谐，万物共生”的和谐之河

这里的和谐之河，包含了人水和谐、万物共生等不同形式的表征内容。对人水和谐的通常阐述是人与水和谐相处，万物共生，生机焕发。《海南省幸福河湖验收指南》中对“人和”的表述为：加强河湖水管理，日常管护有保障，岸线环境干净整洁、亲民，满足沿河居民亲水需求；有助于促进就业、旅游等发展，具有一定的经济效应；宣传手段多样，幸福河湖影响力不断扩大；人民群众获得感、幸福感、安全感显著提高。

七、“数字覆盖、全域智能”的智慧之河

这里的智慧之河，包含了全域数字化覆盖、全域智能管控、智慧水管理等不同形式的表征内容。

《浙江省县级全域幸福河湖建设规划编制提纲》中对“智慧管护”的表

述为：完善河湖监测感知体系，建设河湖管理数字化应用，做到管理制度精准细致、水事活动规范受控、河湖开发保护有序有度、爱水护水群众参与，推进河湖治理体系和治理能力现代化，建立“智慧高效”的河湖管护网。

2021年12月，广西壮族自治区水利厅、广西壮族自治区水利科学研究院编制的《广西美丽幸福河湖“十四五”建设方案》，对“完善水管理”表述为：贯彻落实新时代生态文明思想、依法依规加强江河湖库水域岸线和水生态空间管控，全面依法划定河湖管理范围，编制水域岸线保护与利用规划。严格落实河湖长制工作，持续推进河湖“清四乱”常态化规范化。积极推进河湖管控，有效落实河湖管护责任，维护河湖基本健康。

第三节　幸福河湖的特征

由幸福河湖的核心内涵可以延伸出幸福河湖的7个特征。

一、永宁水安澜

岁岁安澜，世代安宁。永宁水安澜这一特征包含了河湖安澜、安全水保障、持久水安全等形式的表征内容。按照新时期发展理念和习近平生态文明思想，理解永宁水安澜需要从江河长治久安着眼，加快实施防汛抗旱水利提升工程，完善防洪减灾工程体系，提高江河洪水的监测预报和科学调控水平，全面提升水旱灾害综合防治能力。

2021年10月出台实施的《南京市幸福河湖建设技术指南》中，对“水安全”的基本要求做出如下表述：加强河湖水安全建设，根据流域规划和南京市相关防洪排涝规划等，确定河湖防洪排涝标准，现状防洪排涝能力尚未满足要求的，实施达标建设工程，防洪达标率提升至90%以上；确保河湖行洪排涝畅通，过水断面、蓄滞容积满足要求；加强河湖堤防、水库大坝日常巡查及汛后检查，修复水毁工程，确保堤防、大坝稳定，无渗漏、管涌、塌陷、滑坡、裂缝等安全隐患；确保涵、闸、泵等水工建筑物规模达标、安全稳定运行，满足河湖防洪排涝标准要求；加强现状涉水建设项目评估和新建涉水项目审批，保障防洪排涝安全，对存在阻水严重、影响堤岸安全等的现状涉水项目，应逐步改造或拆除。

二、优质水资源

水质优质、高效支撑。优质水资源这一特征包含了水质优质、有效支撑高质量发展、增加居民福祉等形式的表征内容。对优质水资源的阐释通常是：优质水资源，就是要统筹生活、生产、生态用水需求，兼顾上下游、左右岸、干支流，通过强化节水、严格管控、优化配置、科学调度，为经济社会高质量发展提供优质的水资源保障。

2021年10月出台实施的《南京市幸福河湖建设技术指南》中，对“水资源”的基本要求阐述如下：严格执行最严格水资源管理制度，坚持用水总量和强度双控，强化用水管理；加强河湖互联互通，科学调度水资源，保障河湖供水功能；加强集中式饮用水源地水质保护，水质达标率100%；推动应急水源地建设与水源地达标建设，加强水源地日常管护；发展和推广节水灌溉技术，提高工业企业用水效率，加强节水宣传教育，建设节水型社会。

三、宜居水环境

环境优美，怡养身心。宜居水环境这一特征包含了宜居宜赏、优美水环境、水清岸绿等形式的表征内容。对宜居水环境的阐释通常是：通过部门、流域和区域的联防联控、共保共治，进一步加大对江河湖泊的监管力度，努力实现河畅、水清、岸绿、景美，打造人民群众的美好家园，建设美丽河湖。

2021年10月出台实施的《南京市幸福河湖建设技术指南》中，对“水环境”基本要求表述如下：国、省、市考断面、入江支流、骨干河道水质应满足或优于生态环境部门的考核要求。国省考断面河湖水质达Ⅲ类及以上，市考断面和水功能区河湖水质达标，其他河湖水质好于Ⅴ类，水体透明度达35cm以上；应做好河湖污染源调查，沿河沿湖各类污染源全面管控，明确水质不达标原因，因河（湖）施策，系统治理点源与面源、外源与内源污染，消除河湖富营养化等水质问题，提升河湖水质和水感官体验；河湖水环境治理宜与水生态修复相结合，充分发挥湿地、植被缓冲带等截污、净水功能，提升水环境治理成效，保障水质达标；河湖水域岸线应保持干净整洁，水面及沿岸无垃圾、水体无异味。

四、健康水生态

河湖健康，生态完整。健康水生态这一特征包含了河湖水健康、河湖生态完整、健康水生态等形式的表征内容。对健康水生态的通常阐释如下：把河流生态系统作为一个有机整体，坚持山水林田湖草综合治理、系统治理、源头治理，坚持因地制宜、分类施策，统筹做好水源涵养、水土保持、受损江河湖泊治理等工作，促进河流生态系统健康。

2021年10月出台实施的《南京市幸福河湖建设技术指南》中，对“水生态”基本要求表述如下：加强河湖生态系统保护与修复，保留和恢复河湖自然形态，留足生态空间，营造多样性生物生存环境；加强河湖岸带生态工程建设，生态岸线占比达到50％以上，新建、改造护岸的生态化比例不低于90％；针对划入国家生态保护红线或省生态空间管控区域内的河湖，应根据相关分级分类管控措施要求进行保护，严禁不符合规定的各类开发建设活动；河湖水生动植物配置应以本土动植物为主，禁止引入有害外来入侵物种，外来入侵物种以《中国外来入侵物种名单》（第一批～第四批）为准；应根据河湖实际，采用水系连通、中水回用等方式补充河湖生态水量，河流不应出现断流情况，湖泊、水库不应出现干涸现象。

五、先进水文化

优秀文化，代代传承。先进水文化这一特征包含了水文化、优秀水文化、大河文明精神家园等形式的表征内容。对先进水文化的通常阐述是：传承弘扬河湖先进水文化，延续水文脉，提高文化自信。2021年12月，广西壮族自治区水利厅、广西壮族自治区水利科学研究院编制的《广西美丽幸福河湖“十四五”建设方案》，对“先进水文化”表述是：以区域文化底蕴为依托，彰显河湖人文特色，开展各项文化物质及精神载体建设，打造具有高辨识度、知名度和美誉度的河湖人文品牌，传承传统文化，以大江大河为主干，统筹广西地形地貌、河流水系、水利遗迹与工程建设等，

弘扬治水文化、保护山水景观、凸显本土特色，提升水景观水文化建设与保护水平。

2021年10月出台实施的《南京市幸福河湖建设技术指南》中，对“水文化”基本要求表述如下：河湖文化景观建设突出南京“创新名城，美丽古都”的历史古城特色，体现“智者乐水”及“上善若水”的理念，水文化遗存有效保护率100%；河湖文化景观打造因地制宜，自然不造作，与周边环境协调融合，融入当地历史文化与风俗人情，形成“山水城林相映、水脉文脉相融”的南京特色幸福河湖；河湖文化景观与亲水设施建设，应充分考虑居民的实际体验，从可达性、便捷性、丰富性、安全性等多方面优化布置和设计；宜结合河湖文化景观建设，发展旅游经济，提高周边居民收入。

六、人与水和谐

和谐共生，生机焕发。人与水和谐这一特征包含了人水和谐、万物共生、和谐共生等形式的表征内容。对人水和谐的通常阐述是人与水和谐相处，万物共生，生机焕发。《海南省幸福河湖验收指南》中对“人和”的表述是：加强河湖水管理，日常管护有保障，岸线环境干净整洁、亲民，满足沿河居民亲水需求；有助于促进就业、旅游等发展，具有一定的经济效应；宣传手段多样，幸福河湖影响力不断扩大；人民群众获得感、幸福感、安全感显著提高。

七、智慧水管理

全域数字，智能管控。智慧水管理这一特征包含全域智慧管理、流域智能管控、智慧管理等形式的表征内容。对智慧水管理的通常阐释是：全面实现河湖监测感知体系，河湖管理数字化全覆盖，做到管理制度精准细致、水事活动规范受控、河湖开发保护有序有度、爱水护水群众参与，推进河湖治理体系和治理能力现代化，建立“智慧高效”的河湖管护网。

第四章

全国首批幸福河湖试点建设案例分析

全国首批幸福河湖7个国家级试点中，各单位本着实事求是、因地制宜的原则，对各自所在地域、区域及流域的基本状况进行了客观分析，从而奠定了幸福河湖平衡布局的基本思路。这样更有利于科学布局幸福河湖空间，避免差异化造成的全国各省市幸福河湖不均衡性。这是基于我国各省市的区域、地域以及河湖流域的综合状况做出的客观分析和决策。

第一节　幸福河湖建设布局思路

2022年4月，水利部办公厅发布《关于开展幸福河湖建设的通知》，决定在江苏、浙江、福建、江西、广东、重庆、安徽等7个河湖长制工作获国务院督查激励的省（直辖市）开展幸福河湖试点建设，包括江苏南通市焦港、浙江省灵山港、福建省漳州市九十九湾连通水系、江西省抚州市宜黄县宜水、广东省广州市南岗河、重庆市临江河、安徽省滁州市明港等7条试点河湖建设。研究发现，7个国家级试点中，各单位对各自区域、地域内的河湖状况进行科学决策和分析，便于创造性地建设幸福河湖。应该说，这是新时代习近平生态文明思想的生动实践。

一、因地制宜平衡布局，创造性建设幸福河湖

重点选取南通焦港、重庆临江河、广州南岗河的幸福河湖建设基本状况进行分析。

（一）客观综合分析，契合南通焦港实情

在《江苏省南通市焦港幸福河建设实施方案》中，对焦港河湖基本状况和区域经济社会状况进行了综述和说明，尤其是从水环境状况、水质状况、水功能状况、水利设施状况、水生态状况等方面对流域实际状况进行了分类说明。客观上讲，这些综合分析契合了南通市焦港的实际状况。

（1）客观综合分析，切中要害。该实施方案中，对南通水系中长江澄通河段和长江口北支河段流经南通，总体呈淤积萎缩趋势的说明，不仅实

事求是，而且因其客观的分析而切中要害。正如方案中所述："长江澄通河段水量充沛，是南通市工农业生产和人民生活主要供水源地。长江口北支河段位于崇明岛以北，西起崇明头，东至连兴港，全长约83km。该河段经长期演变，目前已从河口分流支汊转化为涨潮流性质为主的潮汐水道，受进流条件恶化以及涨潮流占优势的水沙特性影响，总体呈淤积萎缩趋势。"这样的内容，不免令人引起对焦港现状的关注。再如方案中所述："焦港设置2个省控断面，1个市控断面，全年平均水质达到Ⅲ类。焦港沿线设置2家污水处理厂，17座码头。2021年以来，政府职能部门相继开展了绿色船舶污染防治、船舶载运固体废物、船舶污染防治一号行动和二号行动等专项检查。特别是随着交通运输综合执法体制改革逐步到位，水上执法水平得到较大提升，一直未发生污染事故。"

（2）分类阐述评析，直面问题。《江苏省南通市焦港幸福河建设实施方案》中以分类阐述评析的方法直面实际问题。该方案对焦港流域内水资源及其开发利用状况、水环境状况、水功能状况、水利设施状况、水生态状况等状况进行分类阐述评析。

在分析水功能状况时，阐述如下："焦港是如皋、海安两地沿岸区域农田灌溉的主要水源，是区域水系的重要补给，具有供水、行洪、航运等重要功能，航道里程22.08km，航道等级为Ⅲ级，可通航天数占比超85%。焦港南通段无饮用水取水口，但是焦港是江苏省重要饮用水供水水源通榆河的重要组成河段，是苏北地区重要的供水河道。"

在分析水生态状况时，阐述如下："焦港水生生物呈现多样性，主要浮游植物定性为5门16种。焦港内鱼类生长良好，渔业资源稳定，鱼类种类和种群数量较丰富，物种较为常见，没有受国家保护的珍稀物种，河道内无人工水产养殖。焦港底栖生物生长良好，底栖动物密度高，生物量大，生物种类和种群数量较丰富。"

（二）厘清五个层面，阐明重庆临江河实况

《重庆临江河幸福河建设项目实施方案》本着因地制宜的原则，侧重于对水系状况、水功能区划、水环境状况、水生态状况、区域经济社会发展状况及水利信息化系统建设现状等方面进行了说明，思路明确、阐述简洁，其内容体现出浓郁的地域特色，具有较强说理性。

（1）水系状况。《重庆临江河幸福河建设项目实施方案》中的表述简洁明白：临江河河长 106km，流域面积 730km^2，整条河流流域内主要以农田耕地为主，水位变化大，部分河段受集镇生产生活污染，不能通航。临江河作为永川区母亲河，承载 75 万永川人饮用水，25812hm^2 土地农用水。临江河全流域共 70 条河流，涉及 14 个镇街及凤凰湖产业促进中心。

（2）水功能区划。《重庆临江河幸福河建设项目实施方案》中明确表述，根据《重庆市永川区十四五水资源综合规划报告》，现已划分水功能区的河流为临江河、大竹溪及圣水河，共划分 7 个一级水功能区，区划河长 142.14km，其中保护区 3 个，河长 34.44km；保留区 1 个，河长 12.60km；开发利用区 3 个，河长 95.10km。

（3）水环境状况。《重庆临江河幸福河建设项目实施方案》中简要指出，入河污染物主要来源于工业、城镇生活、农村生活、农业面源、畜禽养殖、水产养殖 6 个方面。针对城乡环保基础设施薄弱、污染处理能力不足等历史欠账，树立“早干晚干都要干的事，早干比晚干好”的理念，累计投入资金近 20 亿元，新建和提标改造污水处理厂（站）76 座，整治水污染问题 4.3 万余处，有效杜绝污水“跑冒滴漏”现象。建成兴龙湖、棠城公园、三河汇碧河段等生态修复示范工程，实施城区河道生态修复 16 万 m^2，开展全域 1013km 河道常态化清漂，基本健全了长效监管机制，临江河流域水质从劣Ⅴ类提升到Ⅲ类。

（4）水生态状况。《重庆临江河幸福河建设项目实施方案》中简要表述为，临江河为典型的山丘河流，其河岸组成较为坚硬，河床年际间变化不大。年内河床冲淤变化较为明显，浅滩演变遵循“洪淤枯冲”的规律，深槽表现为“洪冲枯淤”。上游河道冲刷明显，河边滩地面积较小，下游淤积明显，河边滩地面积较大。多年来枯水边线基本重合，流域边滩基本稳定，上下深槽位置、范围基本没有发生变化，深泓位置稳定，浅滩多年处于整体稳定状态，水生物多样性现状良好。

（5）区域经济社会发展状况。《重庆临江河幸福河建设项目实施方案》从以下方面进行表述：一是清水岸绿、人水和谐的生态画卷重新回归，“治理一条河改变一座城”的综合效应正在徐徐展现。水生态环境的极大改善已成为“近者悦、远者来”的理想安居乐业之地。二是实施“二二三五”

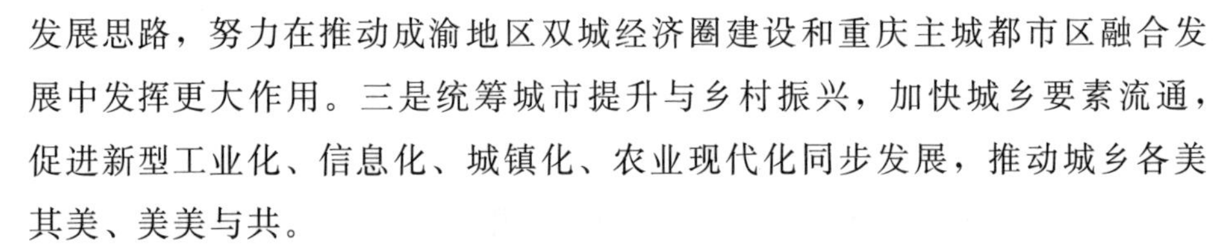

发展思路，努力在推动成渝地区双城经济圈建设和重庆主城都市区融合发展中发挥更大作用。三是统筹城市提升与乡村振兴，加快城乡要素流通，促进新型工业化、信息化、城镇化、农业现代化同步发展，推动城乡各美其美、美美与共。

（三）明晰四个维度，诠释广州南岗河模式

广州市黄埔区从四个维度出发，诠释了位于湾区腹地、人口经济密集的南岗河幸福河湖建设新模式，激发了人民群众对优美生态环境的日益增长的需求，反映了他们对江河湖泊保护治理的热切期盼。具体如下：

（1）创新科技走廊，凸显辐射效应。黄埔区是广州市对外开放的示范窗口和自主创新基地，其综合实力一直在全国开发区中排名前列。为探索南岗河建设新模式，黄埔区以创新流域内科学城为中心，以战略性新兴产业为主导，凸显“双创”生态建设，提升创新要素密集度，扩大对外辐射带动影响力。2022年，流域内主要经济指标保持全国经开区第一，获评2021年度中国高质量发展十大示范县市，获批全国首个“中小企业能办大事”创新示范区，形成了以中新知识城为核心的“一核多节点”产业带。

（2）高位推进，打造岭南水系精品。南岗河流域在全力实施与金坑河、文涌流域、乌涌流域连通工作的同时，推进“三纵一横”的水系网格。南岗河作为岭南穿城河流的典型代表，上游为生态居住区，源头水库水质达II类水标准，承载着防洪和生态补水的功能。为加快推进幸福河湖建设工作，该区高位推进，成立了幸福河湖建设工作领导小组。2020年年底，黄埔区建成区黑臭水体消除比例为100%；18条黑臭河涌全部消除黑臭，并全部达到“长制久清”。2021年，南岗河达到Ⅲ类水质，全区水环境质量大幅提升。与此同时，黄埔区积极开展妨碍河道行洪整治工作，积极排查妨碍行洪问题，全面完成南岗河香雪路桥溢流堰、南岗河滚水堰及河堰叠加坍塌平台拆除等问题，为打造岭南水系精品夯实了基础。

（3）以水兴城，融合发展碧道建设。黄埔区秉承系统治理的理念高质量推进碧道建设，取得了显著效果和良好的社会效益和经济效益。黄埔区碧道建设遵循山水林田湖草系统治理理念，坚持以水定城、以水定地、以水定人、以水定产的思路，将构建绿色生态碧道网络与打造高水平国际化创新城区紧密结合，探索一条水产城融合发展的高效之路。到2022年年底，南岗河流域建成碧道长度 21.6km。南岗河一级支流水声涌碧道更是成为了精品亮点工程，在生境保育和海绵方面具有示范作用。水声涌碧道建设以落实海绵城市设计理念为主旨，一是因地制宜保留了河流的蜿蜒性；二是水声涌因地制宜设置多处雨水花园、生物滞留带、植草沟、人工湿地、透水铺装等设施；三是创造性地采用新型路面材料，并在金融街节点建设海绵城市科普视窗，展示海绵城市路面分层效果。

(4) 回应群众关切，共建幸福河湖。进入新时代，人民群众对优美生态环境需要日益增长，对江河湖泊保护治理有着热切期盼，全面推行河湖长制已进入全面强化、标本兼治、打造幸福河湖的新阶段。对此，该区积极回应百姓关切，而人民群众以自觉行动诠释对幸福河湖的期盼。根据碧道建设评估要求，黄埔区针对 2020—2021 年建成的水声涌碧道、长洲岛碧道、平岗河碧道等碧道，开展了碧道建设公众满意度调查工作，共收回《碧道建设公众满意调查问卷》1300 多份，其中满意度 90％以上的占比约 80％，调查问卷建议栏中有 70％的公众表达了希望碧道建设范围不断辐射，增加更多的生态空间和生态产品。

二、以人民为中心，坚定不移构建和谐社会

建设幸福河湖要始终坚持以人民为中心的发展思想，构建和谐生态社会。“十四五”时期，必须始终做到发展为了人民、发展依靠人民、发展成果惠及人民，不断实现人民对美好生活的向往。要坚持人民至上、紧紧依靠人民、不断造福人民、牢牢植根人民，用心用情用力做好为民服务的工作，做到民有所呼，政有所应，聚焦幸福河湖建设重点部位，从广大群众普遍关心的实际问题入手，认真梳理研究，积极落实解决，使幸福河湖建设成就更多更公平惠及人民，不断朝着全体人民共同富裕的目标前进。

(一) 南通焦港提升人民群众获得感、幸福感、安全感

南通焦港幸福河湖建设始终将提升人民群众获得感、幸福感、安全感为目标，坚持“治理项目化、制度规范化、智慧现代化”的水治理理念，在对现有河道综合治理基础上，注重河道管护制度和机制建设，以智慧化手段实现对河道的全面管控，探索幸福河建设的新理念和新模式，促进治理体系和治理能力的现代化，努力实现人水和谐发展。

南通焦港建设幸福河湖的总体目标是以习近平总书记“节水优先、空间均衡、系统治理、两手发力”治水思路为引领，新阶段水利高质量发展为导向，坚持源头防控、水岸共治、流域联治，突出共治共管，聚焦生态底色，强化系统推进，创建区域河道管护长效机制，构建“治理项目化、制度规范化、智慧现代化”的水治理体系。按照“防洪保安全、优质水资源、健康水生态、宜居水环境、先进水文化”的目标，打造“河畅、水清、岸绿、景美、业兴、人和”的焦港幸福河，助力焦港流域产业经济发展和人民生活质量提高，使焦港成为幸福航道、幸福产业、幸福家园的典范，提升沿河人民群众的获得感、幸福感、安全感，并可在全国进行推广。

（二）重庆临江河以人水和谐探索幸福河湖新模式

重庆临江河创新发展思路，以人水和谐探索幸福河湖新模式。他们在总体思路中明确：坚持以习近平生态文明思想和长江经济带建设的“共抓大保护、不搞大开发”为指引，全面落实习近平总书记“两点”定位、“两地”“两高”目标，发挥“三个作用”和推动成渝地区双城经济圈建设等重要指示要求，践行习近平总书记“节水优先、空间均衡、系统治理、两手发力”治水思路，统筹好水的资源功能、环境功能、生态功能，筑牢水安全保障底线；突出临江河流域水网建设，大力推进幸福河建设战略部署，提升水资源优化配置和水旱灾害防御能力，为临江河流域高质量发展和生态文明建设提供有力支撑。

重庆临江河在实施方案中，将总体目标确定为：以习近平总书记“节水优先、空间均衡、系统治理、两手发力”治水思路和“青山绿水是无价之宝，山区要画好山水画，做好山水田文章”的指示为引领，以国家生态文明建设总体战略为指导，持续深化新时代“两山”理论，坚持上下联动、区域协同、立足特色、打造亮点、培育典型，把临江河建设成“河畅、水清、岸绿、景美、人和”的幸福河，谱写“绿水”生态价值转换、民生福祉提升的新篇章，实现“防洪保安全、健康水生态、宜居水环境、先进水文化、智慧水管理”核心目标，将临江河打造成为“丘陵型幸福河”建设的样板，提升沿河人民群众的获得感、幸福感、安全感。

（三）广州南岗河坚持以人民为中心，确保人民满意

广州黄埔区为将南岗河打造成幸福河湖，确定了总体思路和基本原则。

即以人为本，服务民生。坚持以人民为中心，在保障防洪安全和游憩人群安全的基础上，以百姓需求为导向，还清还绿于水，还水还美于民，以增进人民群众获得感、幸福感、安全感为落脚点，让河湖成为人民群众共享的绿意空间。系统治理，整体施策：树立山水林田湖草是一个生命共同体的理念，坚持以水为魂，系统治理，以流域为单元，以河流水系为抓手，加强周边水系的整体流域设计，上下分级、左右两岸统筹，秉承“山一河一湖一城”流域一体化理念，实现生产、生活、生态相结合，治水、治产、治城相融合；因地制宜，空间布局：按照源头和中下游、山区和平原、郊野和城镇等不同山水河湖资源，结合河湖自然文化禀赋和分区分段功能要求，因地制宜分段打造各具特色、符合市民现实需求的幸福河，助力推进城市特色风貌延续和城市建设品质提升；智慧引领，创新管理：以河湖现代化建设为导向，创新体制机制，推动河湖管理数字化转型，实现开放性、共享化、全民式的河湖管护模式，保障河湖长制管理工作的高效性、便捷性、长效性，形成“智慧治水”“全民治水”的河湖管理保护工作新局面。

三、精准施策，以新发展理念引领高质量发展

党的十八届五中全会提出创新、协调、绿色、开放、共享的发展理念以来，贯彻落实新发展理念的政策体系日益完善，激励机制不断创新，制度环境持续优化，新发展理念已经成为经济社会发展的根本遵循、各地区各部门推动高质量发展的战略指引，践行新发展理念，已经成为全社会的行动自觉。

尤其是在加速推进思维方式转变过程中，坚持统筹推进“五位一体”总体布局，协调推进“四个全面”战略布局，顺应新时代中国特色社会主义发展方向，摆脱原有的思维定式和行为惯性，着重树立形成与新发展理念关系密切的战略思维、辩证思维、创新思维、底线思维。更加注重战略思维。要坚持用客观的、发展的、全面的、系统的眼光看待问题、分析问题、解决问题，在研判幸福河湖新建项目时，既抓住机遇又直面挑战。在全面推进幸福河湖建设中，既强调胆子要大又强调步子要稳，用新发展理念破除传统思维定式，在把握事物发展客观规律基础上加速变革和创新，创造性提出一系列重大创新举措。以辩证思维审视分析问题，积极推动幸

福河湖建设高质量发展。以创新思维规划实施幸福河湖建设，提出并践行和谐生态的理念。更加注重底线思维，在幸福河湖建设实施过程中，始终保持高度警惕，科学研究研判形势发展和隐藏的风险挑战，从坏处准备，努力争取最好的结果，保持战略定力，牢牢把握主动权。

（一）南通焦港以新发展理念创新思路，提升实施水平

南通焦港以新发展理念创新思路，在确定具体目标的基础上，不断提升实施水平。

（1）构建水安全保障体系。通过开展河道整治、河道水情和岸线监控，确保河道防汛、航运安全，提升河道防洪排涝预警能力和航运保障能力。

（2）加大水环境治理力度。加强工业、农业、生活、服务业水污染治理，完善对船舶和人员行为的监控、感潮河段水质水量优化调度方案，不断提升焦港流域水环境质量。

（3）提升水生态环境保障能力。通过开展河道两岸生态修复，提升河道生态环境，加强河道AI智能识别与监控和无人巡检机制等，提升水生态保障能力。

（4）健全河道管护长效机制。建立焦港幸福河长效管护规章制度和标准体系，进一步完善乡镇以上通航河道“市场化运作、机械化保洁、长效化管护、标准化考核”和村级河道“自己的河道自己管”体制机制，采用河道巡查管护数据化信息化新手段，全面提高焦港幸福河管理能力和管理水平。

（5）挖掘流域文化旅游价值。深入挖掘焦港流域文化资源，以打造焦港“十一景”为重点，结合焦港沿岸水文化内涵和亲水设施，提升农村休闲旅游能力，探索河湖生态产品价值实现路径和模式，推动生态产品价值实现，促进生态富民惠民。

（6）助力打造沿河生态产业链。依托当地的自然禀赋和产业特点，推广节水灌溉，减少水土流失，助力打造沿河生态农业产业链，带动区域人民群众就近致富，让河湖保护治理水平和人民生活水平、幸福指数同步提升。

（7）创建区域数字孪生河道。通过构建空天地立体化监管网络、数字孪生数据底板等，以数字化手段提升河道监控智能化水平，创建区域数字孪生焦港，为幸福河的长效管护提供智慧化手段，为构建具有四项功能的数字孪生河道奠定基础。

（二）重庆临江河以新发展理念厚植优势，增强发展动力

重庆市为增强临江河幸福河湖建设的优势和动力，坚持以新发展理念厚植优势，不断增强发展动力。在实施具体目标中，他们确定了科学的推动系统，具体如下：

（1）维护和谐健康水生态系统。在临江河全流域水环境保护和治理基础上，通过遥感卫星监测、无人机巡检、AI视频监控等，完善河道及周边环境监测巡检手段，助力水生态环境的改善与提升；充分利用高新技术手段全面监管水土流失状况和生产建设活动造成的水土流失情况，及时实施水土流失预防保护措施；在易发生断流的河道上设置生态景观坝等挡水措施，确保河道景观水位；提升河道两岸生态景观，建设全流域最美岸线，打造人水和谐的美好家园。

（2）构建安澜水安全保障体系。通过开展河道整治、消除防洪工程安全隐患、健全中小型水库安全监测体系、完善临江河流域水文监测站网布局，完善水文监测预报预警体系等，打造“天、空、地、人”立体化监管网络，构建流域洪水预报调度系统，进一步提高流域防洪能力，形成安澜的水安全保障体系。

（3）建设可靠水资源配置体系。针对渝西地区水资源供给不足的问题，重庆市委市政府高瞻远瞩，战略性地提出对渝西地区水资源进行统一优化配置。

（4）健全河湖长效水管护体系。编制《幸福临江河评价规范》，构建河道治管护标准体系、河道长效管护制度、河道管理考核机制、河道健康评价体系等，形成完备的河道建设、运行、管理体系和制度，并开展幸福河健康指数评价，为幸福河建设及长效管控提供支撑和保障。

（5）构建水文化助力流域发展体系。充分考虑生态、景观及乡村形象相结合，进行重点滨水文化节点打造，保留重构田园风光、乡野情趣。打造生态人文景观，构建人水和谐美景。通过保障水安全体系、修复河湖本色、整合流域资源、优化水质供给、改良水利灌溉等方式，多措并举探索水生态产品价值实现机制，实现河湖生态环境保护与经济发展协同推进，助力流域发展。

（6）构建临江河数字孪生平台体系。按照“强感知、增智慧”的思路，对标“需求牵引、应用至上、数字赋能、提升能力”要求，充分运用5G、云计算、大数据、物联网、人工智能等新一代信息技术，构建覆盖临江河流域水利部门以及相关单位、社会公众的幸福临江河智慧管控平台。整合汇集临江河流域涉水数据资源，全面建立逻辑统一、服务于水利管理的数据资源中心，支撑水利治理体系和治理能力的数字化进程。

（三）广州南岗河以新发展理念突破定势，探索全新模式

为厘清广州南岗河幸福河湖实施路径，广州南岗河以新发展理念突破思维定式，积极探索幸福河湖建设新模式，确定实施“12345”总体宏观思路，即对标建设目标，提出了“一条主线、两大精神、三源串联、四域互通、五水共治”的宏观思路，概括为“12345”，具体就是：

（1）坚持一条主线。全面实行“河长制”主线，牢牢抓住“河长制”这条主线，各级河长形成合力，部门之间联动助力，不断深化创新现有体制机制和管护模式，形成长效管护机制，引领各项任务落地生根，为幸福河湖建设保驾护航。

（2）传承两大精神。敢为人先的进取精神和独领风骚的开放精神黄埔区敢为人先的进取精神和独领风骚的开放精神，促进了经济和社会事业的又好又快发展。正是这种精神，营造黄埔人治水爱水护水的浓厚氛围，坚持不懈开拓了一条治水之路，全区黑臭河涌消除黑臭，河道两岸环境大转变。继续传承敢为人先的进取精神和独领风骚的开放精神，为幸福河湖建设创出特色、创新之路。

（3）三源串联：自然资源、文化资源、社会资源南岗河流域自然资源禀赋，串联帽峰山生态绿地与珠江—东江生态走廊，通达科学城核心、黄埔中心区和政文中心，联系珠江经济创新景观带。流域承载着丰富的历史文化资源，包括萝岗广州观象台、香雪公园、法雨寺等节点资源，串联政文中心和青年创新创意基地。幸福河湖建设除生态安全需要以外，经济需要、民生需要、文化需要也已体现人类社会属性，将自然资源、文化资源和社会资源各个要素有效衔接和串联，从整体出发、系统出发，诠释幸福河湖建设的要点。

（4）四域互通：南岗河、乌涌、文涌、金坑河四个流域，南岗河流域与金坑河流域通过连接渠已实现互联互通，与文涌流域、乌涌流域连通工作正在推进，四个流域逐步形成连通系统。坚持河流整体性和流域系统性，需从全域出发，加快推进四个流域互联互通，提升洪涝防御和水资源保障韧性，实现水安全、水资源、水环境、水生态协同治理。

（5）“五水共治”：水安全、水资源、水环境、水生态、水文化幸福河湖建设紧紧围绕“水安全、水资源、水环境、水生态、水产业、水文化、水管护”7个要素，以水管护为保障，统筹水安全、水资源、水环境、水生态、水文化五水系统治理，辐射带动水产业，致富百姓，让百姓充满获得感、幸福感、安全感。

四、全面保障，为幸福河湖建设提供高效支撑

通过对国家级7个试点幸福河湖建设实践分析发现，全面统筹、完善保障措施是确保幸福河湖建设最终收到成效的根本保证。尤其是江苏南通焦港、重庆临江河、广州南岗河等三个幸福河湖国家级试点实践中，将加强党组织全面领导、加强组织实施、加强政策保障、加强科技技术支撑等作为谋划、推进建设幸福河湖的根本着力点，实行水利部全面统筹、省级负总责、市县狠抓落实的工作机制，充分调动各个方面积极性。最大限度激发全社会攻坚克难的积极性、主动性、创造性，形成各级政府全力推动幸福河湖建设的强大合力。进而，得出国家级试点取得成功的经验主要有以下四个方面：

（1）加强党的全面领导。要坚持和完善党领导幸福河湖建设发展的体制机制，把党领导经济发展工作的制度优势转化为治理效能，为实现高质量发展提供根本保证。要遵循经济社会发展规律，加强幸福河湖建设中的重大问题研究，增强“四个意识”、坚定“四个自信”、做到“两个维护”，充分发挥党总揽全局、协调各方的领导核心作用，确保国家级试点幸福河湖建设正确政治方向。实行水利部统筹、省负总责、市县抓落实的工作机制，全面调动各级干部建设国家级试点幸福河湖的积极性、主动性、创造性，更好履行各级政府职责，确保如期完成确定的目标任务。

（2）加强组织实施。加强国家级试点幸福河湖的设计和组织保障，完

善国家级试点幸福河湖的建设规划体系，建立健全规划实施协调推进机制，强化部门协同和上下联动，通盘考虑、分区施策，结合经济社会发展和项目前期工作进展等，科学有序推动各级幸福河湖工程统筹规划、协同建设。创新幸福河湖建设推进机制，开展幸福河湖先导区建设。深化幸福河湖建设工程前期论证，科学合理确定工程建设规模、布局和方案，力争实现幸福河湖综合效益最大化。有关部门和地方要将国家级试点幸福河湖建设工程纳入国民经济和社会发展五年规划及相关专项规划滚动实施。重点实施一批规划依据充分、前期工作基础较好、地方建设积极性高的国家级试点幸福河湖建设重大工程。

（3）加强政策保障。各级部门要细化完善立项审批、资金投入、生态环境等配套政策，积极支持国家级试点幸福河湖规划建设。加强规划衔接协调，多渠道筹措建设资金，充分发挥政府投资撬动作用，按照市场化法治化原则，深化水利投融资体制机制改革，建立合理回报机制，扩大股权和债权融资规模。探索和规范推行项目法人招标、政府和社会资本合作等模式，积极引导社会资本依法合规参与工程建设运营。推动符合条件的项目开展基础设施领域不动产投资信托基金试点，盘活存量资产。

（4）加强科技支撑。积极开展国家级试点幸福河湖建设重大问题研究和关键技术攻关，运用系统论、网络技术等理论方法，提高幸福河湖统筹规划、系统设计、建设施工、联合调度等基础研究和技术研发水平。加强国家级试点幸福河湖科研能力建设，依托有实力的科研机构，建立国家级试点幸福河湖科研基地。吸纳借鉴国内外先进技术，推广使用实用技术。加快幸福河湖建设相关领域科技人才培养和实践锻炼，培育领军人物和专业化科研技术创新团队，为国家级试点幸福河湖建设提供人才支撑。

在建设实践中，江苏南通焦港、重庆临江河、广州南岗河等三个幸福河湖国家级试点依据自身优势，成效明显，各有特色。

第二节　幸福河湖建设现状对比分析

在对全国首批幸福河湖 7 个国家级试点案例进行研究分析时，发现了

其中存在的不足。下面将主要不足之处展开分析。

一、商业思维明显，人文精神不足

在对国家级试点幸福河湖建设实施方案进行对比分析时，发现其中存在商业化痕迹，这表明相关论证机构在为试点单位进行论证设计时，缺乏人文精神和科学态度。在报告撰写阶段，原本并无关联的试点单位的实施方案出现了文字重复的现象。现将《江苏省南通市焦港幸福河建设实施方案》《临江河幸福河建设项目实施方案》《安徽省滁州市明湖幸福河湖建设实施方案》《江西省抚州市宜黄县宜水幸福河湖建设实施方案》中重复性明显的段落进行比对。

《江苏省南通市焦港幸福河建设实施方案》在总体思路及实施路径章节中，原文表述如下：

4.1.3　基本原则

坚持“治理项目化、制度规范化、智慧现代化”的水治理理念，在现有河道综合治理的基础上，注重河道管护制度和机制建设，以智慧化手段实现对河道的全面管控，探索幸福河建设的新理念和新模式，促进治理体系和治理能力的现代化，努力实现人水和谐发展。

4.2　建设目标

4.2.1　总体目标

以习近平总书记“十六字”治水思路为引领，新阶段水利高质量发展为导向，坚持源头防控、水岸共治、流域联治，突出共治共管，聚焦生态底色，强化系统推进，创建区域河道管护长效机制，构建“治理项目化、制度规范化、智慧现代化”的水治理体系。按照“防洪保安全、优质水资源、健康水生态、宜居水环境、先进水文化”的目标，打造“河畅、水清、岸绿、景美、业兴、人和”的焦港幸福河，助力焦港流域产业经济发展和人民生活质量提高，使焦港成为幸福航道、幸福产业、幸福家园的典范，提升沿河人民群众的获得感、幸福感、安全感，并可在全国进行推广。

《临江河幸福河建设项目实施方案》中对实施总体思路和指导原则进行了阐述，其原文表述如下：

3　总体思路及实施路径

3.1.2　基本原则

坚持“治理项目化、制度群众化、智慧现代化”的水治理理念，在现有河道综合治理的基础上，注重河道管护制度和机制建设，以现代信息技术和智慧化手段实现对河道的全面管控，探索幸福河建设的新理念和新模式，促进治理体系和治理能力的现代化，努力实现人水和谐发展。

3.2　建设目标

3.2.1　总体目标

以习近平总书记“十六字”治水思路和“青山绿水是无价之宝，山区要画好山水画，做好山水田文章”的指示为引领，以国家生态文明建设总体战略为指导，持续深化新时代“两山”理论，坚持上下联动、区域协同、立足特色、打造亮点、培育典型，把临江河建设成“河畅、水清、岸绿、景美、人和”的幸福河，谱写“绿水”生态价值转换、民生福祉提升的新篇章，实现“防洪保安全、健康水生态、宜居水环境、先进水文化、智慧水管理”核心目标，将临江河打造成为“丘陵型幸福河”建设的样板，提升沿河人民群众的获得感、幸福感、安全感。

《安徽省滁州市明湖幸福河湖建设实施方案》中对总体目标进行了阐述，其原文表述如下：

4.4　建设目标

4.4.1　总体目标

以新时期治水方针为指导，以满足人民群众日益增长的健康美丽幸福河湖需求为根本出发点和落脚点，以安徽省滁州市明湖幸福河湖建设为依托，以“防洪保安全、优质水资源、健康水生态、宜居水环境、先进水文化”为建设目标，通过系统治理、管护能力提升和助力流域发展建设，复苏河湖生态环境，维护河湖健康生命，实现河湖功能永续利用，将明湖打造为人民群众满意的健康湖、美丽湖、幸福湖，实现“湖晏、水清、岸绿、景美、人和”，建成国家级幸福河湖和河湖长制示范基地，打造生态化、现代化、国际化幸福河湖样板。

《江西省抚州市宜黄县宜水幸福河湖建设实施方案》中对总体目标进行了阐述，其原文表述如下：

3.5　建设目标

3.5.1　总体目标

通过实施河流系统治理、管护能力提升、流域经济绿色发展，不断夯实河湖基础设施、提升河湖环境质量、修复河湖生态系统、传承河湖先进文化、转化河湖生态价值，努力建设“河湖安澜、生态健康、环境优美、文明彰显、人水和谐”的幸福河，实现“可靠水安全、清洁水资源、健康水生态、宜居水环境、先进水文明、发展可持续”的目标，将宜水建设成为让人民群众满意的“幸福河”，高标准打造幸福河湖“江西样板”，形成一批可复制可推广的河湖管理经验，为全国河湖管理及河长制工作提供示范。

二、技术分析单一，缺乏风险性评估

《江苏省南通市焦港幸福河建设实施方案》与《重庆临江河幸福河建设项目实施方案》均由专业团队进行研究设计，然而在研究阶段，这些方案过于侧重技术性分析，技术参数过于专业化，导致整个实施方案的思路过于趋同，部分章节和段落思路重复。类似这样的问题，在全国首批幸福河湖 7 个国家级试点《幸福河湖实施方案》中均有不同程度的体现。

《江苏省南通市焦港幸福河建设实施方案》中关于“预期效益与考核目标”的结构和段落，原文摘录如下：

5.1.3　生态效益

通过绿化建设、生态保护、受损生态修复、水质净化、生态护坡、河道清淤、生态修复及水系沟通等措施，从水域生态建设、岸带生态建设两大方面着手，解决了河流功能衰退、水环境恶化和水流阻塞等问题，提升了河道的水生态承载能力和岸线保护能力，维护了焦港流域生态系统健康，显著改善了与生态需水相关的各项生态状况评价指标，维护河湖健康生命，实现河湖功能永续利用，建成了“河畅、水清、岸绿、景美、人和”的幸福河湖，形成了巨大潜在的生态效益。

5.2　考核目标

通过构建水安全保障、水资源保护、水环境治理、水生态修复、水文化传承、水智慧支撑的“六位一体”水治理体系，重点突破、带动全局，到 2023 年 3 月，基本建成具有平原河网地区特色的幸福河示范河道，具体的考核目标如下：

其一，项目建成后，对照现行《江苏省幸福河湖评分标准（试行）》，焦港幸福河得分可提高到92.5分以上，且水质稳定在Ⅲ类以上，达到示范幸福河标准；其二，完成项目验收相关的技术报告；其三，完成本项目各项建设任务。

《重庆临江河幸福河建设项目实施方案》中关于“预期效益与考核目标”的结构和段落，原文摘录如下：

4.1.3　生态效益

通过采取河道整治、河湖生态水位保障、景观建设及水系联通等措施，合理调配水资源，保障生态用水需求，解决了河流功能衰退、水环境恶化和水流阻塞等问题，使得受损的水体水生态系统基本得到修复、河流水质逐步提升、保护水生生物多样性，维护了临江河流域生态系统健康，保障了生态安全，显著改善了与生态需水相关的各项生态状况评价指标，维护河湖健康生命，实现河湖功能永续利用，建成了“河畅、水清、岸绿、景美、人和”的幸福河。同时，发展了规模化的食用菌产业，增加优质生态产品供给，促进了乡村振兴，建设人水和谐共生的美丽中国。

4.2　考核目标

通过构建水安全保障、水资源保护、水环境治理、水生态修复、水文化传承的“五位一体”水治理体系，重点突破、带动全局，到2023年，基本建成具有山区性河流地区特色的“幸福河”示范河道。

从《江苏省南通市焦港幸福河建设实施方案》与《重庆临江河幸福河建设项目实施方案》中的“考核目标”段落比对来看，其重复率高达100％。这体现了学科专业单一所导致的全局视域缺失，进而使得整个论证过程显得狭隘。

三、衔接统筹失当，全局性视域缺失

由于全国首批幸福河湖7个国家级试点《幸福河湖实施方案》在研究阶段偏重技术性分析，过于依赖技术手段，全文论证缺少反向论证，缺乏理论支撑，造成7个国家级试点《幸福河湖实施方案》整体思路不能贯通，缺乏全局性视域，论证缺乏深度和广度。这个问题在7个国家级试点《幸福河湖实施方案》中不同程度存在。

(一)《江苏省南通市焦港幸福河建设实施方案》

《江苏省南通市焦港幸福河建设实施方案》中对“挖掘水文化”进行了论证阐述，其中对“挖掘流域水文化旅游价值”和“传承历史文化”表述如下：

4.3.5　挖掘流域水文化旅游价值

深入挖掘焦港流域水文化资源，以焦港水利枢纽为龙头，打造焦港“十一景”，结合焦港沿岸水文化内涵和亲水设施，助力乡村振兴发展和农村休闲娱乐，探索河湖生态产品价值实现路径和模式，推动生态产品价值实现，促进生态富民惠民。

4.3.5.2　传承历史文化

1）十字桥水利文化遗产教育基地；2）栖风园焦港历史文化展示中心

4.3.5.3　打造水文化宣传阵地

1）海安焦港北闸水情教育基地；2）海安东夏幸福河道建设示范村和镇村级河长制培训学堂建设；3）海安节水文化知识宣传阵地；4）焦港与如泰运河交汇口；5）海安刘圩村河长制工作站；6）鹰泰水务科普基地；7）唐埠村沿河亲水步道；8）降儿桥

《江苏省南通市焦港幸福河建设实施方案》中对“挖掘水文化”所作的阐述过于笼统。挖掘南通市焦港“流域水文化旅游价值”，必须采用科学的方法、手段进行深入调研和实际论证，并针对相关概念及文化元素进行内涵界定和理论研究。只有这样，才能真正阐明打造诸多水文化宣传阵地的实际价值，展现传承、弘扬南通市焦港历史文化的时代价值。

(二)《安徽省滁州市明湖幸福河湖建设实施方案》

《安徽省滁州市明湖幸福河湖建设实施方案》对知识平台建设进行了阐述，有个别地方表述不够清晰，如“明文化”应进一步明确，是明湖文化还是明朝文化？原文表述如下：

(5）明文化主题知识库

构建明文化主题知识库，以知识图谱的方式，将明文化相关知识进行串联，结合科普形势，形成知识服务，供应用系统，互动系统进行调用，与河湖长制文化宣传与互动区部署的互动屏进行联动。

在《安徽省滁州市明湖幸福河湖建设实施方案》中的“业务场景”中，还对水文化宣传进行如下表述：

水文化宣传

提升明湖文化内涵，对已建工程，充分挖掘水利工程文化功能，从保护传承弘扬角度将水利工程与其蕴含的水文化元素有机融合，提升水利工程文化品位。

加强水文化阵地建设

以景区为载体，加强面向社会公众的水文化宣传教育。以水系、工程为依托，采取“工程＋文化”等形式，鼓励水文化的多元化、多样化发展。

丰富宣传手段

拓宽水文化宣传教育渠道，利用新媒体及数字技术，线上线下结合，通过展览、有声读物、比赛等形式，利用“世界水日”“中国水周”等时间节点，面向社会公众广泛开展水文化传播活动，大力传播水文化。

严格意义讲，水文化属于意识形态领域的建设，应该将水文化宣传与人们的精神进行互动，入脑入心。而《安徽省滁州市明湖幸福河湖建设实施方案》过于强调从外在形式上进行宣传，对精神和文化内涵的宣传不足，达不到应有的目的。因水文化宣传阵地建设的资金量非常之大，切忌商业化操作。这是必须引起决策部门重视的。

（三）《江西省抚州市宜黄县宜水幸福河湖建设实施方案》

《江西省抚州市宜黄县宜水幸福河湖建设实施方案》中，对“水文化挖掘与保护”进行阐述论证，原文这样表述：

4.3.2　水文化挖掘与保护

(1) 历史文化的挖掘与保护

利用山水文化与道教、佛教文化的综合优势，挖掘打造军峰古寺道佛文化；利用“大雄关战斗旧址”，进一步挖掘和修复云盖山、大雄关战斗的红色资源，并采用研学、红色教育等方式进行宣传，打造以军峰山—军峰古寺—云盖山、大雄关战斗旧址的精品旅游线。开展宜水沿线古建筑、古桥、古水陂、古码头等古建筑文化挖掘与保护修复，重点挖掘棠阴古镇古代建筑、艺术和民俗的内涵及明清文化，对棠阴古镇明清古建筑群、瑶下码头、观埠桥、解放陂进行保护与修复。保护锅底山遗址，挖掘江西及南方片区先秦时期的文化，建设新时期晚期文化遗址公园。

从新时代弘扬中华优秀传统文化的理论视域出发，审视《江西省抚州市宜黄县宜水幸福河湖建设实施方案》中关于“水文化挖掘与保护”的内容，相当一部分的“挖掘”和“保护”需要文物部门的参与论证才能得出科学的结论。要树立科学理念，科学论证，精准实施。在实际操作中坚决避免不着边际的“大而空”。

第五章

地方层面案例分析

第一节　流域层面分析

2022年1月，水利部淮河水利委员会完成《2021年度淮河流域幸福河湖建设成效及创新经验》。这是淮河水利委员会为深入贯彻习近平生态文明思想和习近平总书记关于建设造福人民幸福河的伟大号召，落实水利部及淮委党组关于强化河湖长制、复苏河湖生态环境、建设幸福河湖等工作部署，经过精心组织撰写而推出的淮河流域幸福河湖建设成效及创新经验展示专题。

淮河流域13个幸福河湖建设典型案例主要是指：合肥市包河区塘西河、蚌埠市怀远县涡河、淮北市濉溪县乾隆湖、滁州市南谯区明湖、六安市沙堰河幸福河湖、宿迁市黄河故道城区段、徐州市云龙区大龙湖、淮安市淮河入江水道金湖县城区段、泰州市兴化市直港河、淮安涟水县五岛湖、济宁市梁济运河城区段、日照市五莲县龙潭河、临沂市沂水县姚店子河等。下面对13个幸福河湖建设典型案例进行综合性研究分析。

一、创造新模式，探索新机制

（一）宿迁市黄河故道（城区段）幸福河湖经验做法

（1）创新河湖长制机制，落实管护治理措施。在全省率先建成河湖长＋公检法模式，建立河湖长＋管家工作机制，构建河湖管护新格局。

（2）建立水权交易制度，保障故道生态流量水位。以三统两分管理模式调控分析黄河故道沿线地区水资源供需总量及配置；探索完成全国第一例地下水取水权交易签约。

（3）实施全民治水方略，实现碧水绕城市民欢。开展宿迁乡贤护碧水活动，动员5100余名乡贤担任义务护水员，助推“要我治水”向“我要治水”转变。

（二）徐州市云龙区大龙湖幸福河湖经验做法

（1）创新管理体制机制，促进管护工作提质增效。通过推行“河长＋

检察长”依法护河新机制，将河湖长制工作列入全区重点考核指标，成立江苏省徐州大龙湖旅游度假区管理办公室等，促进河湖治理和河湖长制运行，确保建设方案按时、按质、按量完成实施。

（2）创新市场化运作模式，提升美丽湖景长效体验。运用市场化手段、智能化措施，实现对河湖问题的精准查找和针对性解决，推动“人治”向“智治”迈进；明确管护职责权限和管养范围，综合评测各养护公司的工作实绩，以奖优罚劣推动管理水平提升。

（三）淮安涟水县五岛湖幸福河湖经验做法

（1）创新河湖保护联动机制，协力推进河湖生态管理。出台《开展五岛湖水利风景区联合执法专项行动方案》《全面建立“河长制＋检长制＋观察员”协力推进河道生态保护工作实施方案》，整合水利局、城管局、检察院等单位力量，协力推进河道生态保护工作。

（2）探索智慧化管护模式，创新开启数据治水格局。结合“河长助手”等信息平台，强化无人机巡查、视频监控、遥感监测等科技平台作用，开启智慧化管护新模式。

二、文旅＋融合，传承水文化

（一）淮安市淮河入江水道金湖幸福河湖经验做法

（1）高起点规划引领，构建高效运转组织体系。建立健全“河长制＋检长制＋警长制”，将河湖长制工作列入全县重点目标考核指标体系，建立长效、稳定的河道管理保护经费投入机制，保障建设蓝图展现到水域岸线，为大江大河干流河湖治理管护树立典范。

（2）宽领域达标创建，擦亮水韵湖城幸福底色。基于水乡特征，深挖历史文化，打造景观小品、城市雕塑等设施，建成起点公园等重点旅游区域，实现了功能型水利系统迈向文化型水利系统的转变，成功创成国家水利风景区。

（二）淮安市涟水县五岛湖幸福河湖经验做法

（1）构建人与自然共同体，逐步修复原生生态系统。对五岛之一的夕照岛实施“岛进人退”工程，停止人类活动干扰，实现山水和谐的自然生态之美。

(2) 深度融合人文历史，建设和谐的水韵景观公园。融合非遗馆、米公洗墨池、同乐堂、环湖健身步道等景观，打造集人文景观与水利景观于一体的国家级水利风景区，带动区域文旅发展。

三、完善制度体系，夯实监管责任

(一) 济宁市梁济运河城区段幸福河湖经验做法

(1) 健全组织保障机制，护航幸福河湖建设。在全省率先出台市级考核问责办法，率先建立“五联机制”，实现了跨区域联动治水；以政策和激励机制为杠杆，创新正反双向激励，整合各方资源，推动从“无违”河湖向美丽幸福河湖转变。

(2) 探索管护模式创新，保障建设治理成效。建立“司法＋行政执法”协调联动机制，以大运河、南四湖为试点，市、县两级多部门联合，形成执法合力；推进“政府＋市场”运维模式，通过政府购买服务，保障建设成效。

(3) 筑牢水安全钢构架，确保通水通航通畅。实行河长水质负责制，坚决遏制航运、农业面源等各类污染问题；严厉打击涉河各类违法行为，持续开展“清四乱”专项行动，促进涉河问题及时发现、高效处理，保障南水北调东线工程河流水质持续稳定达标，一泓清水永续北上。

(二) 泰州市兴化市直港河幸福河湖经验做法

(1) 强化河长办基础配置，保障河湖长制落地生根。由市政府分管副市长担任河长制办公室主任，设立两名专职副主任，落实11名事业编制，每年安排专项资金5000万元用于河长制工作；通过数字化信息管理平台等科技手段，破解水网密布的里下河腹部地区治理管护难题，为里下河洼地水动力不足区小型河流治理管护树立了典范。

(2) 创新综合管护新模式，营造全民护河新氛围。实行市河长办、水利局、住建局、属地政府综合管理机制，建立分级考核机制，并将考核结果纳入全市绩效考评；创新河长制宣传新模式，实施三级河长万人培训计划、河长制进校园万名学生参与项目、夕阳无限好万名五老志愿者护河行动“三个万人计划”，利用河长制主题公园和省级水情教育基地等宣传阵地，激发人们爱河护河的意识。

（三）临沂市沂水县姚店子河幸福河湖经验做法

（1）完善制度体系，落实建设方案。出台10余项河湖长制有关制度办法，构建全县三级河湖长体系及河湖管理保护体制运行机制；高标准编制建设实施方案，对姚店子河现存问题、建设任务进行详细调查及安排部署。

（2）健全责任机制，提升管护成效。实施"清河""清肠""清违"行动，对重点问题行使公益诉讼，确保清违行动高效推进；建设智慧水利平台及智慧业务监督管理体系，通过巡河App实时上传河道巡查、管理情况，为幸福河湖长效管理保驾护航。

四、弘扬红色历史，彰显人文底蕴

（一）六安市沙堰河幸福河湖经验做法

六安市沙堰河位于六安市金寨县斑竹园镇境内，为竹根河支流，河道全长23km，属山区乡村中小河流。幸福河湖建设段长10.16km，起点为斑竹园镇杨龙北侧，终点为斑竹园镇农管中心东北侧，沿线涉及3个行政村，人口相对密集。其典型经验和做法如下：

（1）融合红色历史，彰显人文底蕴。打造主题墙绘、红色公路、水文化公园、印象邢湾等亮点工程，让党建红和生态绿有机结合。

（2）依托示范建设，助力乡村振兴。以幸福河湖建设为抓手，打造乡村文旅休闲区，助力乡村振兴，设立公益性护河岗位，巩固脱贫攻坚成果。

（3）构建生态走廊，促进产业升级。依托沙堰河良好的生态资源，沿岸大力发展特色种养及产业，促进乡村产业振兴。

（二）临沂市沂水县姚店子河经验做法

临沂市沂水县姚店子河为沂河一级支流，发源于沂水县院东头镇龙岗峪村南，流经院东头镇、许家湖镇，在许家湖镇邵家宅村东南汇入沂河，属乡村河流。幸福河湖建设范围为入沂河口至南墙峪水库，全长约26.8km。其典型经验做法如下：

（1）传承红色文化，促进乡村振兴。贯彻"传承红色，保护绿色，打造蓝色"的水生态文明建设理念，充分发掘诸葛亮、孟母、红嫂文化，串联周边多处旅游景区，打造中国休闲农业与乡村旅游示范县，带动两岸农家乐发展，全面促进乡村振兴。

（2）开展系统治理，助推产业升级。实施姚店子河石门河水系连通、文化建设等五大工程，串联周边的峙密山居田园综合体等，打造姚店子河生态共同体。

第二节　省级层面分析

一、江苏省推进幸福河湖建设分析

2021年6月，江苏省组织的《关于全力建设幸福河湖的动员令》（江苏省总河长令2021年第1号）正式发布实施。江苏省明确提出：力争到2025年全省城市建成区河湖基本建成幸福河湖，到2035年全省河湖总体建成“河安湖晏、水清岸绿、鱼翔浅底、文昌人和”的幸福河湖。

为实现这一目标，江苏省全面把握新发展阶段全省河湖治理保护的新任务新要求，实事求是全力建设“美丽江苏”，发布实施《关于推进全省幸福河湖建设的指导意见》。同时，为规范幸福河湖评价工作，2021年11月，江苏省河长制工作办公室专门下发《江苏省幸福河湖评价办法（试行）》（苏河长办〔2021〕13号）的通知，并配套制定《江苏省幸福河湖评分标准》。为此，江苏省确立了幸福河湖建设的六大目标，即确保河湖防洪安全、全力保障用水需求、构建优美河湖环境、加强河湖生态修复、充分利用河湖资源、大力传承河湖文化。明确要求全省各级立足进入新发展阶段、构建新发展格局、落实新发展理念，把顺畅河网水系、治理保护河湖、修复生态环境、打造乐水载体摆上更加突出的位置，实现河湖资源永续利用，保障可持续发展，让江苏大地全面展现“水碧于天、河湖绕城、清波映村”的美丽景象。据统计，到2022年，江苏省已全面建成630条幸福河湖，为推动水利事业高质量发展走在了前列，书写了新时代河湖治理的新篇章。聚焦江苏省幸福河湖建设实践，依据实事求是的原则，可以归纳总结出其成功的秘诀和做法。

（一）幸福河湖真正“造福人民”

辖江临海、扼淮控湖。为全面推进实施幸福河湖建设，顺应“河湖生态环境发生转折性变化”局面，江苏省委、省政府主要领导签发总河长令，在全省推进生态河湖建设迈向幸福河湖建设。为使幸福河湖真正“造福人民”，江苏将幸福河湖建设纳入省高质量发展综合考核，规定每个设区市建成幸福河湖15条以上、全省建成200条以上。同时，该省以河湖长制为载体，深入推进河湖长制高质量发展，启动太湖生态清淤工程，建设蓝藻打捞处置信息化平台，推动洪泽湖保护条例出台，稳步实施长荡湖、固城湖等退圩还湖工程。“治水”实效带来“亲水”新图景，一条条清水廊道、生态走廊正在江苏大地上蜿蜒排布，成为泽被南北、造福百姓的幸福工程，一幅“河安湖晏、水清岸绿、鱼翔浅底、文昌人和”的幸福河湖图景正渐次展开。2022年，全省已全面建成630条幸福河湖。

河湖是生态系统和国土资源的重要组成部分，是“强富美高”新江苏建设的空间所在、优势所在、潜力所在。江苏依水而生、因水而兴，水韵特色鲜明。开展幸福河湖建设，对于推动河湖治理保护方式变革，进一步处理好经济社会发展与水安全、水资源、水环境、水生态、水文化的关系，助力经济社会高质量发展，建设美丽江苏，不断提升人民群众生活福祉，具有十分重要的意义。

（二）治水兴水更要传承水文化

江苏省在做大做强治水兴水这篇大文章的同时，积极开发水智慧，保障水安全，集聚前人智慧开拓未来，大力弘扬发展水文化，以高度的政治自觉和文化自信，系统推进江苏省大运河文化带建设工作，续写幸福河湖建设新篇章。

以水文化建设彰显行业特色。坚持水工程、水景观与水文化有机融合的理念，突出上善若水、以水育人、以文化人始终是水文化建设出发点和落脚点。江苏省洪泽湖管理处围绕工程设施类水情教育基地创建要求，凝心聚力，统筹谋划，制定水情教育年度计划，深挖水情教育文化内涵，狠抓水情教育工作落实，展示了水利文化，凸显了行业特色。

以水文化探索彰显水利担当。加强水文化建设要与群众性精神文明创建活动有机结合，将水文化理念、价值和功能融入行业的核心价值体系架构、单位的思想政治教育和个人的职业道德建设中。近年来，江苏省洪泽湖管理处创新“党建＋湖泊管护”实践，围绕幸福河湖建设，开展主题党日活动，促进党建与业务融合，引导社会公众参与水文化建设，传承中华优秀传统文化精神，弘扬艰苦奋斗、团结拼搏的建闸精神，勇于担当、失责追责的治水精神，清正廉洁、无私奉献的勤勉精神，精益求精、勇于创新的敬业精神，让社会公众感受到水文化的精神力量。

以水文化宣传彰显社会价值。洪泽湖管理处积极组织志愿者进湖区、进社区、进校园，主动宣讲治水节水护水知识，运用今日头条、抖音等网络新媒体，广泛宣传水利建设的新成就、水文化建设的新成果，新建洪泽湖大堤南首标识、洪泽湖治水文化墙、荣誉广场，收集整理历代咏湖诗词歌赋，用镇水铁牛、众人合力打草坝、石工堤连等古今治水传说向社会公众宣传治水文化，得到了社会公众的广泛认可。

（三）闻令而动明确发展新方向

建设造福人民的幸福河湖，就是要为老百姓提供更多优质水环境水生态水文化产品，让人民拥有更高的安全感、获得感与幸福感。积极响应习近平总书记的伟大号召，顺应江苏经济社会发展的迫切需要，全域推进幸福河湖建设。把幸福河湖建设作为新阶段河长制发展的根本要求和最终目标，聚焦防洪保安全、优质水资源、健康水生态、宜居水环境、先进水文化，既解决治标的问题，又解决治本的问题。幸福河湖，已成为现代化征程上江河治理保护和河长制工作的旗帜。推动幸福河湖建设，需要明确河湖发展新方向：

（1）精准谋划，展望幸福河湖。为全力推进幸福河湖建设，江苏省在2021年6月明确提出幸福河湖对于推动河湖治理保护方式变革、助力经济社会高质量发展、建设美丽江苏、提升人民群众福祉的重要意义，明晰了水安全、水资源、水环境、水生态、水文化建设方面的任务，要求立足进入新发展阶段，坚决贯彻新发展理念，服务构建新发展格局，全域打造“河安湖晏、水清岸绿、鱼翔浅底、文昌人和”的幸福河湖，为强富美高新江苏建设添活力、为美丽江苏建设增魅力。

（2）精准指导，保障幸福河湖。江苏省明确幸福河湖建设目标：2025年城市建成区河湖建成幸福河湖，2030年列入《江苏省骨干河道名录》的723条河道和列入《江苏省湖泊保护名录》的137个湖泊建成幸福河湖，2035年全省河湖总体建成幸福河湖。将幸福河湖建设纳入省高质量综合考核，并作为河长履职和河长制专项督查重点。指导设区市制定幸福河湖实施方案，组织幸福河湖建设专题培训班，指导推进幸福河湖建设。2021年，全省以城市建成区河道为重点，兼顾农村河道和跨界河湖，打造600余条幸福河湖。

(3) 精准检验，提效幸福河湖。坚持河长主导、分级分类、目标导向、现实可用的原则，充分借鉴水利部《河湖健康评估技术导则》、江苏省《生态河湖状况评价规范》(DB32/T 3674—2019) 等已有的评价规范，充分考虑地方、部门和专家意见，制定《江苏省幸福河湖评价办法》，规范全省幸福河湖评价工作。紧扣省总河长令，出台了《江苏省幸福河湖评分标准》，设立了河安湖晏、水清岸绿、鱼翔浅底、文昌人和、群众满意等五个要素层，细化评价指标，明确赋分办法，为幸福河湖建设提供精准检验标尺。

(四) 综合施策打造建设新动能

江苏省聚焦幸福河湖方向，完善制度机制，压实各级河湖长责任。强化正向考核和反向约束，加强突出问题整改，持续推进载体创新，落实好全面推行河湖长制各项任务，为幸福河湖建设增添新动能。

(1) 加大鼓励激励。加强正向引导，认真贯彻落实新修订的《河长湖长履职规范》，修订完善配套制度，推动河湖长和责任部门规范履责。发挥好幸福河湖建设作为全省高质量发展综合考核内容的作用，对幸福河湖建设成效突出的部分设区市和县（市、区）进行专项激励，并给予资金支持。加强督导检查，全覆盖开展河湖长制工作专项督查，发挥江苏河长制热线电话监督作用和河长公示牌窗口作用，加强暗访检查，对履职不到位的地方、单位和个人及时通报约谈问责，不断增强刚性约束。

(2) 强化典型引领。启动新一轮以幸福河湖建设为主基调的《一河一策》编制，打造“一河、一城、一地”河湖长制工作样本，总结提炼并积极宣传推广各地河湖长制工作先进经验和典型做法，示范带动幸福河湖建设。开展河湖长制先进集体、先进工作者和优秀河湖长的评选表彰宣传，注重用好新媒体开展幸福河湖建设主题宣传，指导分级分类开展专题教育，加大新任河湖长和基层河湖长的培训力度，不断增强工作活力。

(3) 提升机制保障。发挥河湖长制研究院作用，为幸福河湖建设提供智力支持。完善省级河长制信息系统，探索建立长江河长制可视化监控系统，为幸福河湖建设提供智慧保障。推进跨界河湖协同共治，推动全面建立“责任同担、方案同商、规则同守、行动同步、资源同享”的协作机制。推广“河长+”工作模式，指导各地建立“河湖长+检察长”“河湖长+警长”“河长制+流域长制”“河湖长+断面长”等机制，不断增强幸福河湖建设动能。

二、浙江省全域幸福河湖建设分析

随着浙江省组织的《浙江省全域建设幸福河湖行动计划（2023—2027年）》和《浙江省县级全域幸福河湖建设规划编制提纲》全面工作并实施，标志着浙江省已悄然开启全域幸福河湖建设的新阶段。

浙江省是河湖长制的发源地。2013年11月，浙江省委、省政府出台意见，全面实施“河湖长制”。2018年7月，浙江省建立起省、市、县、乡、村五级河湖长体系，实现全省五级河湖长全覆盖，建成省级美丽河湖近600条（个）。聚焦浙江省幸福河湖建设实践，可以科学地透视其中的决策和实施的成功秘诀，从而归纳出可资借鉴的经验和做法。

（一）治水更重百姓福祉

浙江省进行河湖治理已有多年。从“万里清水河道建设”到“五水共治”，再到“美丽河湖”建设，到2022年年底，全省累计有效治理河道5万公里，江河湖泊实现了由“脏”到“净”、由“净”到“清”、由“清”到“美”的本质变化。尽管浙江省河湖“底子”较好，但对标“全域幸福河湖”仍有差距。

当前，人民群众对走进自然、感受美好生活的愿望日益迫切，特别是沿河露营、民宿等新诉求明显增多。满足人民群众的需求，建设“美丽河湖”急需升级，治水理念亟待升华。达成共识之后，将幸福河湖的建设重点，放在增加百姓福祉上，使河湖面貌向百姓感受迭代，给老百姓实实在在获得感。同时，全力提高县域水资源、水生态、水环境承载能力，优化河湖空间，促进区域产业布局，带动农民增收。充分发挥河湖资源在深化“千万工程”、助力乡村振兴中的作用，形成一批幸福河湖促进共同富裕实践成果和制度创新成果，为全国幸福河湖建设提供“浙江方案”。此举是促投资、扩内需、稳经济的重要抓手，为经济实现高质量发展和有效提升提供了强劲支撑。

（二）重点探索核心带动

安全、富民、生态、宜居、文化、和谐、智慧是浙江省推进幸福河湖建设的核心内容。为此，在建设中，浙江省既要维护河湖自然形态和功能，构建起完善的江河防洪减灾体系，也要科学有序开放河湖空间，实现滨水带发展与城市、乡村发展格局良性互动，为产业发展提供平台空间，有力支撑流域经济社会高质量发展。为此，浙江省围绕核心内容开展有益的探索实践：

（1）以八大水系为带动轴。该省以近百条各具特色县域幸福母亲河为特色生态廊，建设千余个高品质水美乡村，万余公里滨水岸带，构建“八带百廊千明珠万里道”的浙江省全域幸福河湖基本格局。

（2）以五大行动为助推器。该省重点实施了五大助推行动，即江河安澜达标提质行动、河湖生态保护提升行动、亲水宜居设施提升行动、滨水产业富民行动、河湖管理改革攻坚行动。在此基础上，还细分了 14 项具体工作任务，要实施 30 类工程。比如滨水产业富民行动，就涵盖助力高效农业、培育涉水产业、发展滨水旅游三方面内容。

此外，还将推进灌区现代化改造、加快培育高附加值涉水产品、大力开发亲水旅游线路和滨水度假项目等。

建设全域幸福河湖是一项系统性工程，也是一项长期的需要不断迭代的工作。未来 5 年，浙江省将以幸福河湖建设实践为抓手，充分调动各个单位的积极性，协同联动治水，加强跨行业融合，共同推动全域幸福河湖建设。

（三）编制县域规划提纲

浙江省全力做好《浙江省县级全域幸福河湖建设规划编制提纲》的编制、规划工作，明确编制背景、目的意义、总体思路及工作过程等。从基本情况、行政区划、自然地理、经济社会、河湖生态、人文历史等方面，进行科学分析，结合地方实际及相关规划需求，从“安全、健康、宜居、智慧、富民”等方面，分析河湖建设管理现状，总结河湖治理历程及成效，着重分析距离实现全域幸福河湖目标所存在的短板与需求，全力打造江南水乡幸福新高地，全面提升人民群众的获得感、幸福感、安全感和认同感。为此，浙江省进行了积极的探索：

（1）厘清问题与需求。浙江省从安全、健康、宜居、智慧、富民等五个方面入手，分析存在问题以及需求。安全方面，从县域内主要河湖各防护对象防洪保障要求出发，分析防洪排涝薄弱环节及城市内涝治理等方面存在的问题及需求；健康方面，从河湖水环境、水生态、水生生物多样性等方面出发，分析河湖水质、控源截污能力、堤岸生态性、河湖连通性、生态流量保障、生态缓冲带建设、水生生物种类及其生境等方面存在的问题及需求；宜居方面，从滨水空间环境出发，分析县域内各主要河湖面貌、滨水慢行系统贯通、亲水便民设施建设等方面存在的问题及需求；智慧方面，分析县域河湖管理（河湖长制）体制机制建设、河湖空间管控、河湖数字化管理等方面存在的问题及需求；富民方面，分析县域内涉水产业发展、水生态产品培育、水生态价值转化、水文化载体建设等方面存在的问题及需求。

（2）完善规划与布局。浙江省对规划范围进行了明确，即以县（市、区）行政区域为主。规划期限：基准年 2021 年，规划水平年近期到 2027 年，远期展望到 2035 年。目标与布局为：提出县域内全域建设幸福河湖在国民经济社会发展中的总体定位，形成人水和谐、特色鲜明的幸福河湖建设“一县一主题”。围绕“到 2025 年，全域幸福河湖建设初见成效；到 2027 年，全域幸福河湖基本建成；展望到 2035 年，‘诗画江南、活力浙江水乡’幸福画卷全面绘就”的目标，从安全、健康、宜居、智慧、富民五个方面提出县域全域幸福河湖建设目标指标。确保在 2027 年年底前，形成一批在河湖系统治理、管护能力提升、流域高质量发展等方面的幸福河湖标志性成果。

（3）明确任务与原则。浙江省立足打造“八带百廊千明珠万里道”全域幸福河湖新格局，根据县域内自然禀赋、历史人文特色、建设基础与发展目标需求等，结合全域旅游、美丽城镇和美丽乡村、未来社区、未来乡村、城乡风貌样板区建设，体现融合发展理念，提出县域内全域幸福河湖“点、线、面”总体布局。在水系图的基础上绘制县域总体布局图。

原则是全域建设幸福河湖应坚持生态绿色，把河湖保护作为河湖治理的重要内容，统筹好建设、管理和保护的关系，合理确定建设和保护的功能区划，在人类活动较少、生态作用重要的河段应以保护为主，尽量不扰动、少扰动，维持河湖的自然形态和风貌；坚持系统治理，融合发展理念，因地制宜、分类施策，助力水经济产业萌发壮大，推动我省文化旅游、体育、现代农业等高质量发展；坚持数字变革，着眼整体智治，强化问题导向，全面推进河湖治理体系和治理能力现代化，加快建设协同高效、数字智慧的河湖管护新场景；坚持以人民为中心，加强对城市、乡镇、村庄的保护与服务，满足人民群众对河湖治理的多元需求，多措并举提升人民群众的获得感和幸福感。

三、广东省“万里碧道”建设分析

为贯彻落实习近平生态文明思想和习近平总书记2018年10月视察广东时重要讲话和重要指示批示精神，提升广东生态环境治理能力、加快建设美丽广东，广东省坚持以人民为中心，高质量规划建设万里碧道。2020年10月，广东省河长办组织实施《广东万里碧道设计技术指引（试行）》。2020年12月，广东省河长办组织实施《广东万里碧道建设评价标准（试行）》。这两个规范性指导文件的实施，标志着广东省正式启动“以水为纽带，以江河湖库及河口岸边带为载体，统筹生态、安全、文化、景观和休闲功能建立的复合型廊道”建设。

广东省万里碧道建设是一项生态工程、民生工程、经济工程。研究分析广东省“万里碧道”建设实践，本着科学的精神和具体问题具体分析的原则，将其成功的经验归纳如下。

（一）厘清碧道类型，分类设计指引

广东省科学厘清碧道类型，将碧道按所处河段（海岸）周边环境分为都市型、城镇型、乡野型和自然生态型四种类型。明确提出，碧道建设应注重与城市功能、人群需求相匹配，因地制宜、实事求是、久久为功。在此基础上，广东省分类碧道设计指引，在推进都市型碧道建设的同时，建设连续的滨水游径和惠民、便民的碧道公园。在打造滨水公共空间的同时，建设“低干扰”景观游憩系统，营造出具有“荒野美”生态景观，具体内容如下。

1. 都市型碧道

都市型碧道位于人口高度密集的城市地区，应优先满足防洪排涝安全、

水质达标等要求，并系统推进流域综合治理，重在统筹治水、治产、治城，打造宜居宜业宜游一流水岸。设计重点包括：提升防洪（潮）的安全与韧性，以碧道理念推动海绵城市、生态多级堤建设；全面改善河湖水系水质，营造碧水清流的宜居环境；以岸边带整治和动植物生境恢复为主进行河道生态修复，利用河口、河滩地等建设湿地公园；结合“三旧”改造，以碧道带动滨水地区产业和城市功能转型，打造展现都市风貌和魅力的重要窗口；建设连续贯通、配套完善、特色突出、舒适可达的游憩系统，推进碧道公园建设。

2. 城镇型碧道

城镇型碧道以防洪排涝安全保障和水环境治理为重点，系统推进水系周边生活空间、生产空间等互联互通、共建共治，打造城镇居民安居乐业的美丽家园。设计重点包括：保障城镇防洪排涝安全，开展中小河流治理和海绵城市建设；改善城镇水质，提高城镇污水处理能力；加强河滩地、江心洲保护，维护河湖生境多样性；打造展现城镇风貌和地域特色的重要场所；建设连续的滨水游径和惠民、便民的碧道公园。

3. 乡野型碧道

乡野型碧道应优先保障防洪安全，防治水土流失，控制农村面源污染，保护水生态环境。结合农民生活生产需求，建设惠民滨水公共活动空间和乡村旅游目的地，推动乡村振兴，打造体现田园风光、各具特色的美丽乡村。乡野型碧道设计应避免过度人工化。设计重点包括：结合中小河流治理优先保障防洪安全，加强水土流失重点治理区的治理；控制农村面源污染，加强污水处理设施建设和人居环境整治；维护河湖生态系统健康和生物多样性；结合农村居民点和景区景点，建设滨水公共开敞空间与慢行径，打造村民公共活动空间和美丽乡村旅游目的地。

4. 自然生态型碧道

自然生态型碧道应以自然保护与恢复为主，优先划定生态缓冲带，保护自然景观风貌和动植物生境。因地制宜建设水上游径、生态化游径等人与自然和谐共生的游憩系统，避免过度开发和破坏性建设。设计重点包括：以保护生态为前提，以水生态保护与修复为重点，划定生态缓冲带；保护建设良好的生物栖息地和自然景观；建设“低干扰”的景观游憩系统，营造具有“荒野美”大地景观。

（二）创新机制，持续完善系统治理

广东省秉承敢为人先的开放进取精神，不断创新体制机制，通过机制先行，持续完善系统治理，打破治水传统思维，统筹水安全、水资源、水环境、水生态等要素协同治理，从根本上提升幸福指数。

（1）创新全生命周期管理机制。为推进万里碧道的实施，广东省实施源头洪涝管控，首创区域性洪涝安全评估工作，编制全国首个洪涝安全评估技术指引，指导国土空间规划及城市更新项目建设，成功破解城市洪涝风险源头管控的难题。突出空间管控。开发建设中守住生态红线，严格河湖水域岸线空间管控，强化生态空间管控，城市开发建设中给河道两岸留足生态空间，形成生态廊道。全周期建设管理。从源头落实涉水要求，过程全程跟踪，验收严格把关等手段，实现建设项目涉水部分全流程闭合，全周期管理。

（2）探索一体化排水管理机制。广东省在推进“万里碧道”建设中，成立水务投资集团、排水公司，将雨污管网、污水处理厂、提升泵站等排水设施的运行管理进行整合，组建覆盖全面、责任清晰、技术先进、管理精细、产业现代的公共排水设施运营维管队伍，通过排水设施“一张图”、排水全过程“一张网”，实现“厂—网—河”统一管理模式。

（3）创新发展理念筑牢安全之基。创新提出高密度城市“洪涝共治”理念。确立“防御体系有韧性、基础设施有韧性、极端暴雨少损失”的洪涝治理目标。科技赋能，管理手段动静结合，逐个镇街制定洪涝灾害防御明白卡，标绘20年一遇～200年一遇暴雨、潮水的洪涝风险区划图、内涝风险点分布图和安置点分布图。结合信息化技术，研发洪涝预报预警系统，实现洪涝风险的动态研判与模拟评估。在此基础上，依托数字孪生流域建设，实现流域上中下游不同水文条件下联调联控，实现河道空间复合利用，为增强现极端暴雨上中下游协同防御提供智慧化管理手段。

（4）开展生态调查坚持生态筑底。开展生态调查，构建本底数据库。在保障生态基流的基础上，模拟河道生境，为河道洲、滩、槽多样生境塑造提供科学依据。通过多流域互联互通、丰枯季互补互济，破解城市雨源型河道汛期水多易涝、枯期生态流量不足的难题。基于食物链自然法则，营造多样生境。尊重自然、保护和恢复生物多样性，是广东省建设“万里碧道”中所遵循的首要原则。通过微干扰轻干扰的生境设计手法，同时营造沙洲草滩、河谷光滩、农田湿地、水岸林地等韧性多样化生境栖息地，构建韧性生态系统，打造山溪型河流生境，水鸟和萤火虫等动物栖息地，形成鹭洲萤火谷，撩起路人乡愁，成为城市中的野趣。

（三）坚持长效管护，统筹水城共治

广东省以“万里碧道”建设为纽带，形成“碧水织城、青山入城、活水兴城”的滨水生态活力空间，呈现“安澜之河、富民之河、宜居之河、生态之河、文化之河”的幸福河湖模样。具体办法如下：

（1）以“科技赋能＋数字映射”提升管护能力。构建包括防洪排涝“四预”及调度平台、水资源管理平台、智慧碧道平台和N项河湖监管的“2＋1＋N”业务应用平台，实现水雨情、水质、内涝积水、管网液位、水工程安全等要素自动化监测，流域内库、闸、泵在线智能化决策调度，打造多元业务“一张图”。

（2）以“标准化＋精细化管理”落实管护责任。构建“河湖长＋河长制办公室＋职能部门＋基层河湖管护队伍”的全覆盖“万里碧道”和河湖管理体系，串联河涌巡查、水面保洁、绿化管养、管网维护、志愿者护河队等队伍，明确了河道管养工作标准，出台监督考核办法，形成多部门联动的“万里碧道”日常管护闭环工作机制。

（3）以水为脉，提升城市空间。“万里碧道”建设要实现从源头水库到河口碧道全线贯通，串联沿线优良自然资源和特色节点。横向形成“三道一带”空间范围，拓展“陆地—河岸—水中”廊道空间，有效弥补城市高密度聚集区公共空间功能的不足。构建多道融合、串珠成链、通山达海的全域慢行体系，连成“连城森邻道”。

（4）以水兴城，富泽一方百姓。广东省分段探索生态产品价值实现机制，培育典型衍生生态产品增值模式。对产业高度集中的中下游段，则依托优质的水资源和健康宜居的滨水生态环境，成为科创产业集聚地，成为辐射全国极具吸引力、凝聚力、创造力的人才高地，形成了一条因水而生、依水而兴、以水而荣的产业带。

四、广西美丽幸福河湖规划实施分析

2021年12月，在广西壮族自治区水利厅组织下，广西壮族自治区水利科学研究院完成《广西美丽幸福河湖“十四五”建设方案》。广西美丽幸福河湖“十四五”建设方案基于广西山形水系框架、城乡发展格局和生态保护功能定位，落实“广西生态优势金不换”要求，坚持节约优先、保护优先、自然恢复为主，以改善水环境质量、维护河湖健康为核心，统筹山水林田湖草沙系统治理，强化水生态空间管控，围绕“壮美广西”“水美乡村”建设，紧扣“两横、八纵、六连通”的广西水网总布局，围绕“一屏一带两区多廊”的水资源水生态保护与修复格局，打造全区“一廊一园两区”的幸福河湖总布局。

聚焦广西美丽幸福河湖建设实践，依据实事求是、具体问题具体分析的原则，现将其成功的经验和做法归纳分析如下。

（一）做好基础调研，直面实际问题

广西积极做好基础调研，结合实地情况，提出美丽幸福河湖建设存在的问题，这样更有利于找出方法、解决问题。具体如下：

（1）未能深入认识，缺少具体建设方案。美丽幸福河湖建设属于新事物范畴，各地在建设过程中认识的程度有所不同，对美丽幸福河湖建设如何开展不明确，普遍存在工作开展无从入手情况。大部分美丽幸福河湖的建设停留在整县建设实施方案上，而具体建设的河湖缺少针对性的建设方案；具体落实中成员单位职责不明，缺少统筹成员单位参与河湖治理与管护的相关机制，河湖长制统筹作用未能有效发挥。

（2）资金投入有限，缺少实施基本保障。美丽幸福河湖建设缺少专项工作经费，受河流自身条件限制，多数前期必要的工程辅助等费用难以落实，项目具体建设受资金限制，推行阻力较大。广西地处西南经济相对落后地区，各设区市、县（市、区）经济情况差异较大，整体财政状况压力较大，相对落后县（市、区）更是困难重重，河湖长制基本工作经费普遍落实困难。

（3）评价指标缺少针对性，评价体系亟待完善。广西申报美丽幸福河湖有河流、湖泊、水库和水利风景区四种类型，河流又根据级别以及所处

位置不同，自身基础条件有所差异。试行标准未能区分评价类型，试点评价普适性不高，个别指标可操作性不强，评价体系有待进一步完善。

（4）重视程度不够，部门联动效果不佳。广西美丽幸福河湖建设作为河长制工作的一项重要任务，具体实施过程中，总河长重视程度，因地区而异，因考核情况而异，总体重视程度尚有待加强。河长制办公室代表政府协调相关成员单位承担河湖长制组织实施具体工作，落实河长确定的事项。具体实施过程中，尚存在定位不准确的情况，认为河湖长制工作只是水利部门应尽义务的现象仍普遍存在。“协同推进”贯彻落实不到位，相关部门、单位未能有效落实作为河长制成员单位应尽的职责，协同推进美丽幸福河湖建设效果不佳。

（5）建设环境问题突出，水文化宣传滞后。随着河湖长制的推广实施，广西各地水体治理取得明显成效，当地居民生活环境得到一定改善。但在推行过程中，河湖长制尚未获取基层群众的足够认可，大多数群众并不了解河湖长制的作用和内涵，群众保护意识未能建立，导致美丽幸福河湖建设环境问题普遍存在。

（二）破除思维定式，确立发展方向

结合广西河湖的实际情况，实事求是地提出“十四五”期间广西美丽幸福河湖的建设任务，具体内容如下：

（1）持久水安全，实现安澜静美。全面实施防洪提升工程，整体提升洪涝灾害防御能力和超标准洪水应对能力，保障人民群众生命财产安全和经济社会健康稳定。打造雨水全过程高质量精细化管理的立体防洪（潮）排涝体系，从被动响应转变为主动防御，刚性防御转变为柔性防御，实现持久水安全目标。

（2）优质水资源，实现绿水清美。落实最严格水资源管理，加强水库防洪、供水、生态等多目标调度，优化水资源配置，强化雨洪资源利用，实现优质水资源目标，为经济社会高质量发展提供优质的水资源保障。

（3）宜居水环境，实现岸带秀美。打造干净整洁的河湖空间，让每个水利设施都成为风景，营造自然秀丽的河湖形态，建设风景如画的滨水景观，打造宜居水环境，让城市因水而美，产业因水而兴，百姓因水而乐。

（4）健康水生态，实现鱼草丰美。以水环境质量改善为基础，提升水体自净能力，促进水生生境与生物多样性修复，坚持保护优先，自然恢复为主，实施水生态环境保护与修复工程，逐步恢复和维持水生态系统完整性。

（5）先进水文化，实现人文弘美。重点开展桂东北漓江山水景观及灵渠历史遗迹发展与保护，桂西北溶洞风光及长寿水文化建设，桂东桂中沿江城市水景观打造，桂西沿江红色文化和北部湾滨海水文化挖掘，提升水景观水文化建设与保护水平。

（6）完善水管理，保障河湖建设。全面依法划定河湖管理范围，编制水域岸线保护与利用规划。严格落实河湖长制工作，持续推进河湖“清四乱”常态化、规范化。积极推进河湖管控，有效落实河湖管护责任，维护河湖基本健康。

（三）科学谋划布局，高位推进实施

《广西美丽幸福河湖“十四五”建设方案》中科学论证分析，系统提出发展建议，高位推进项目实施，具体内容如下：

（1）高位推进，注重部门协同建设。各地应提高总河湖长对美丽幸福河湖建设的重视度，高位推进，协调河长制会议成员单位和相关部门共同参与到美丽幸福河湖建设中，为地方发展谋长远。

（2）明确思路，制定具体方案。切实把握美丽幸福河湖建设目标，在已有美丽幸福河湖建设方案基础上，制定长远美丽幸福河湖建设计划，对照美丽幸福河湖创建指标，逐条制定具体建设方案，落实建设任务。

（3）协调保障，引导资本参与。协调成员单位及相关部门建设资金，投入美丽幸福河湖建设，同步发掘建设美丽幸福河湖特色，利用原始特色条件，从文化旅游、产业发展等方面入手，通过地方给予优待政策等手段，引导社会资本参与美丽幸福河湖建设。

（4）宣传引导，推行反哺机制。面向社会资本开展积极的宣传引导，吸引社会资本在美丽幸福河湖建设中的投入。并宣传引导因涉水受益企业执行反哺机制，贡献一定的人、财、物等建设和维护美丽幸福河湖。

（5）科学规划，统筹推进建设。从区域整体规划入手，将美丽幸福河湖建设纳入区域总体规划，如城乡规划、流域规划、乡村振兴规划等。整县（市、区）推动水文化发掘，通盘考虑，进而推动美丽幸福河湖建设。

第三节　市级层面分析

一、南京市幸福河湖特色性分析

（一）评价规范：先行先试走前列

《南京市幸福河湖评价规范（试行）》包含前言、适用范围、规范性引用文件、术语和定义、评价原则、一般规定、评价指标体系、评价指标评定、幸福河湖验收及附录等10个方面的内容。确定了评价原则、评价主体、评价单元，建立了由河湖水安全、河湖水资源、河湖水环境、河湖生态、河湖水文化、河湖管理、公众满意度等7项一级指标，14项二级指标和38项三级指标组成的评价指标体系。制定了数据分析计算、行业部门评价、现场踏勘调查、专家咨询评议和公众满意度调查等多种形式的指标赋分体系，采用综合评分法进行综合评价，提出了幸福河湖验收基本流程。

《南京市幸福河湖评价规范（试行）》中评价体系的设计体现了幸福河湖与其他评价体系的明显差异性，具有很强的可操作性。其评价规范的先导性走在了全省的前列。不仅如此，《南京市幸福河湖评价规范（试行）》还从规范化、标准化、科学化等方面入手，提出全域打造"山水相融、城水相依、林水相映、文水相传、人水相亲"的幸福河湖，让人民具有高度安全感、获得感与幸福感。

（二）技术指南：打造"南京样板"

《南京市幸福河湖建设技术指南（试行）》于2021年10月制定完成。根据幸福河湖建设内在要求，全力打造"南京样板"。

"河湖水安全"从堤（坝）岸安全建设、河湖行蓄水能力建设、水工建筑物安全三大方面，通过完善防洪排涝工程体系，提高行蓄水能力，保障河湖安澜。

"河湖水资源"从水资源配置与调控体系建设、水资源供给能力建设两大方面，通过严格水资源管理、优化水资源配置、加强供水保障，支撑社会经济高质量发展。

"河湖水环境"从河湖水环境整治、河湖汇水区水污染治理两大方面，通过河湖内、汇水范围内污染的系统治理，全面改善河湖水质，提升水环境质量。

“河湖生态”从水域生态建设、岸带生态建设两大方面，通过河湖生态保护与受损生态修复，维护河湖生态系统健康。

“河湖水文化”从河湖文化景观设施建设、河湖文化保护与传承两大方面，通过聚力打造河湖景观和凝练传承历史文化，提升河湖品质。

“河湖水管理”从管理机制、管理能力、常态管理三大方面，通过发挥河长制统领作用，加快健全智慧高效管护机制等，全面提升河湖管理水平。

（三）“迭代升级”，擦亮幸福底色

《南京市幸福河湖建设行动计划（2021—2023年）》明确了具体目标任务，提出在2021—2023年，全市重点打造300条幸福河湖，即100条城市特色幸福河湖、100条乡村田园幸福河湖、100座美丽幸福湖泊（含水库、塘坝），示范引领和推动全域“山水相融、城水相依、林水相映、文水相传、人水相亲”的幸福河湖建设，让“山水城林”南京“水之清、水之秀、水之韵、水之宁”独特魅力更加彰显。

河湖水质达标达优。国省考断面河湖水质达Ⅲ类及以上，市考断面和水功能区河湖水质达标，其他河湖水质好于Ⅴ类，水体透明度达35cm以上。

河湖生态清新秀美。生态系统基本构建，生境条件进一步改善，生物多样性逐步恢复，生态基流丰沛，岸坡生态自然，新建、改造护岸的生态化比例不低于90%。

河湖景观宜人优美。河湖空间完整、功能完好、管护规范，蓝线贯通、步道畅通、水岸环境亲水宜人，节点景观特色彰显，悠久历史记忆传承，厚重文化底蕴延续。

河湖安全稳固可靠。防洪排涝能力基本达到设防标准，河湖堤防防洪达标率在90%以上，防汛险工隐患消除。

根据《南京市幸福河湖建设行动计划（2021—2023年）》，南京重点建设幸福河湖示范段，通过以点带面，以条段带动流域，构筑连线成网的幸福河湖水系，并同步打造河长制主题公园，以呈现“美丽可品、幸福可感、历史可读、安宁可依”的人水和谐新画卷。不仅如此，南京市有序推

进千年水文脉保护传承，充分挖掘历史水文化遗存，积极打造现代水文化载体，不断提升河湖的内涵与品质，让幸福河湖成为老百姓感受“绿水青山”、走进“生态文明”的幸福空间。

（四）“五化并重”，打造幸福南京

系统化建设，凸显幸福主旨。《南京市幸福河湖评价规范（试行）》和《南京市幸福河湖建设技术指南（试行）》提出的幸福河湖定义明确了河湖的建设应是系统的，使河湖既要具备自然流畅、水质优良、水清岸绿、生物多样、景观协调等“美丽可见”的外在感受，又要满足安全可靠、管理高效、人文彰显、惠民宜居等“幸福可感”的内在需求。

二元化兼顾，区别赋权评价。南京市结合实际，确保完成省总河长令明确的任务。对建成区河道、郊区县乡级以上河道及湖泊、水库等不同类型水体，在一级指标权重设计时进行了区别对待。

多样化容纳，避免重复评价。要在兼容并蓄、科学接纳的基础上，充分认可河湖建设管理过程中已开展并取得的各项工作成果（生态河湖状况评估、水利风景区和旅游景区等相关评定成果）的多样化，避免重复建设、重复评价。

多元化主体，注重幸福感受。南京市重视幸福河湖与“美丽河湖”“生态河湖”等建设评价体系的差异，由社会多元主体共谋共建、共治共管，真正让人民具有高度安全感、获得感与幸福感。

人文化融合，彰显古都特色。《南京市幸福河湖评价规范（试行）》和《南京市幸福河湖建设技术指南（试行）》中所制定的指标体系将南京山水城林相映的特色与美丽古都的水韵文脉进行了深度融合，旨在充分彰显南京美丽古都水韵魅力。

二、泰州市幸福河湖“星级”创建分析

（一）发挥禀赋优势，精准实施规划

泰州地级市成立以来，水利工作一直行进在全省乃至全国的前列，江堤达标、圩堤加固、水利进城，基础设施提档升级，水文化及《水环境保护条例》等水精神文明建设及制度性建设更是相对处于领先水平。2019年获批“全国水生态文明建设试点城市”，河长制示范段建设已经取得阶段性

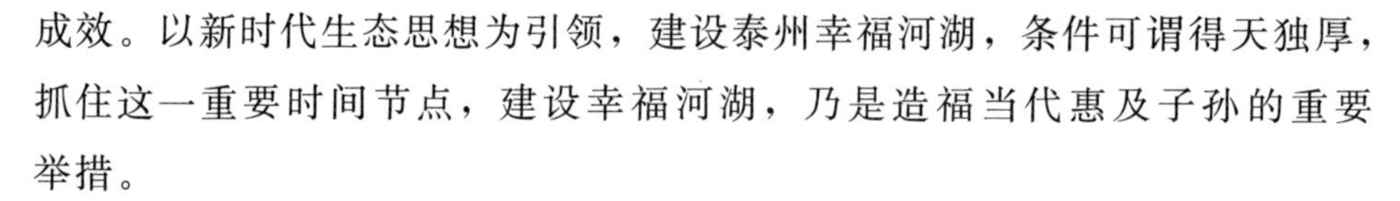

成效。以新时代生态思想为引领，建设泰州幸福河湖，条件可谓得天独厚，抓住这一重要时间节点，建设幸福河湖，乃是造福当代惠及子孙的重要举措。

（二）推行“星级”评定，细化评定指标

为切实加快全市幸福河湖建设，泰州市河长制办公室近日制定实施《泰州市“星级”幸福河湖评定办法（试行）》（以下简称《办法》）。《办法》规定，根据相关指标对河道进行星级评分，满分100分，得分90分以上的，评定为“五星”幸福河道；80～90分的，评定为“四星”幸福河道。“星级”幸福河湖的具体评定标准共有7个大类19项指标。其中，7个大类指标及分值为：安全之河分值15分，健康之河分值15分，宜居之河分值10分，生态之河分值12分，文化之河分值10分，富民之河分值8分，群众幸福感分值30分。综合评分80分以上，方可参与“星级”幸福河湖评定。同时，该《办法》根据河道所处的地理位置，综合考虑河道的功能要求、群众需求等因素，按照城区河道和乡村河道两个类别设置相应的细化评定指标。

（三）创新治理模式，全面实现建设目标

泰州市坚持因河制宜、科学规划、彰显特色、示范引领，推进全市幸福河湖建设点面结合、全面开花。牢固树立系统观念，以“大水系”理念推进幸福河湖建设，从“一河之治”向“流域、区域之治”转变，着力打造幸福河湖示范镇街（村居）。

一个目标：围绕“河安湖晏、水清岸绿、鱼翔浅底、文昌人和”的属性要求，突出目标导向、问题导向、结果导向，精心谋划、精致建设、精细管护，以城市建成区河湖为主，覆盖全市各级河湖，全年完成1020条幸福河湖建设任务，其中60条申报市“五星幸福河湖”，并同步争创省“示范幸福河湖”。

三大重点任务：落实建设任务，详细了解辖区内幸福河湖的建设进度、存在问题和计划安排，并帮助解决矛盾困难、突破瓶颈制约，确保所有幸福河湖建设任务在规定时间内全面完成。要逐条河做好台账资料的整理汇编，做好各类影像资料的收集整理。组织开展评定，拟申报省级幸福河湖的60条河道由市河长办组织评定，其余河道由各市（区）自主开展评定，评定结果向市河长办报备。市、县级评定工作应于规定时间内全面完成。

四项保障措施：更大程度激发基层的积极性主动性。开展工作督查，深入开展“清风行动”河长制专项行动，对幸福河湖建设进度缓慢、相关矛盾问题推诿扯皮的，予以曝光并督促整改；深化宣传引导，积极对接国家、省级媒体和平台，突出重点、兼顾一般，全面宣传我市幸福河湖建设的生动实践和显著成效。

（四）贯彻新发展理念，构建新发展格局

当前，泰州全面推进幸福河湖建设，在全省首家制定《泰州市“星级”幸福河湖评定办法（试行）》，为全市幸福河湖建设提供了具体标准和路径。对照省高质量考核要求建设10条幸福河湖的任务，泰州计划建设264条幸福河湖，现已全面完成。目前，“星级”幸福河湖、“十佳”幸福河湖的评定工作正有序进行。构建新发展格局要求坚持扩大内需，畅通国内大循环，促进国内国际双循环，全面促进消费升级。推进幸福河湖建设，一方面将倒逼产业绿色转型，走高质量发展的道路；另一方面，健康优美的河湖环境将为人民提供更多更高质量的生态产品，引领消费升级。

（五）人民至上，打造“幸福河湖福地”

该市坚持人民至上、保护优先、系统治理，以大江风光带、水乡风情带、生态经济带为主体，持续改善骨干河道、湖泊湖荡形象，统筹推进城乡水系连通及河道整治，打造健康吉祥、清新自然的水城水乡特质，以幸福河湖建设助推泰州经济发展、产业腾飞。

落实“生态优先，绿色发展”要求，着力在长江生态保护上争当表率；深入打好污染防治攻坚战，扎实推进“健康长江泰州行动”；加强长江沿线空间管控，合理布局生产、生态、生活空间，实现“多规合一”的沿江“一张图”，打造生态修复示范区、绿色发展增长极；实施生态修复和环境保护工程，协同推进突出问题整改，优化提升“一带二岛三节点”沿江生态走廊；实施布局优化和岸线调整工程，到2025年，将长江干流岸线生产性利用率控制在50%以内。在里下河地区打造苇荡相连、桨声灯影的水乡风情带。

推进骨干河道、湖泊湖荡综合治理，打造人水和谐、彰显特色的“百条”河湖。实施中小河流治理工程。实施退圩还湖工程。推进得胜湖、大纵湖、花粉荡、龙溪港、夏家汪、喜鹊湖等 6 个里下河腹部地区湖泊湖荡的退圩还湖工程，退圩面积 $23km^2$，进一步恢复湖泊调蓄能力，改善水生态环境。

连通城市、乡镇、村组单元，打造各美其美、美美与共的“千片”水系。积极改善城区水环境，实施城市防洪工程。疏浚整治城市排涝河道 167 条，新建闸站 28 座，全力构建“大引、大排、大调度”的城市防洪及水生态环境改善体系，提升城市防洪调度能力。

三、杭州市幸福河湖“地方标准”分析

（一）以幸福为导向，提升人民幸福感

2022 年，《杭州市幸福河湖评价规范》（以下简称《杭州评价规范》）由杭州市市场监督管理局正式发布，这是浙江省首部幸福河湖评价方面的市级地方标准。

自 2018 年浙江省水利厅启动“美丽河湖”建设以来，杭州市已累计创建省级美丽河湖 49 条，市级美丽河湖 148 条，乐水小镇 33 个、水美乡村 293 个。其中省级美丽河湖数量连续三年创全省第一，全域美丽河湖格局正在逐步形成。《杭州评价规范》有助于加快河湖从“美丽时代”向“幸福时代”转变，科学化、规范化助推杭州“一轴双带十湖千溪”全域幸福河湖大美格局的形成，为杭州“乡村振兴”和“美丽大花园”建设及争当浙江高质量发展建设共同富裕示范区城市范例增添河湖幸福底色。

（二）构建指标体系，丰富框架内涵

杭州市水系发达，河流众多，共有大小河流 1927 条，总长度 9625km，境内有钱塘江、苕溪、运河三大水系，分布于浙西丘陵、杭嘉湖平原和萧绍平原，河道类型表现为平原河网和山丘区河道。杭州治水从“西湖时代”“钱江时代”到“拥江发展”，相继实施万里清水河道、农村水系综合整治、五水共治、百项千亿防洪排涝工程、美丽河湖建设等项目，杭州河湖水安全、水生态、水环境得到大幅度提升，全域大美河湖新格局初步形成。

建设造福人民的幸福河湖是新形势下河湖治理的蝶变升级，基于浙江省幸福河湖建设防洪保安全、优质水资源、健康水生态、宜居水环境、传承水文化五个方面的总体要求，杭州市幸福河湖提出安邦之水、优质之水、

活力之水、魅力之水、诗画之水、富饶之水、智慧之水的“七水共建”要求，以江河流域高质量发展与提升民生福祉为主要目标，按照杭州市平原区、山丘区河道特点，分别实现现代版的富春山居图和清明上河图。富春山居图：区域内河流以山丘区河道为主，共570条，长5822km，湖泊（水库）583个，以新安江、富春江、千岛湖、青山湖为重点，遵循“富春山居、桐江春水、七里扬帆、千岛之国、青山湖色、生态水韵”理念，以保护河湖原生态景观为主，展示自然生态之美，满足人民群众亲近自然需求。清明上河图：区域内河流以平原河网为主，共1357条，长3803km，湖泊（水库）56个，以钱塘江河口、苕溪、运河、湘湖为重点，遵循“钱塘涌潮、秀丽西湖、静美西溪、人文运河、风情潇湘、生态苕溪”理念，以保护、建设和传承河湖历史文化为主，展示河湖文化魅力，满足人民群众生活休闲娱乐需求。

围绕“七水共建”的总体要求和“建设幸福河湖、打造两幅图”的思路，杭州特色的幸福河湖如何实现，构建评价体系十分重要，通过评估来反映河湖幸福程度与水平，分析河湖治理存在的短板与问题，从而更好地推进杭州市幸福河湖建设。

（三）评价单元选取，实现全域治理

幸福河湖评价单元的选取结合杭州实际，原则上以平原骨干河道、重要湖泊和山区流域面积50km^{2}以上的中小河流为主，按照杭州市幸福河湖建设总体安排，以钱塘江、运河、苕溪三大流域干流以及重要支流、县级河道为重点。幸福河湖指数中的一个评价单元可以划分多个评价河段，通过分段评价最后综合为评价单元的整体结果。

幸福河湖评价可以分为单段评价、单条评价，其评价结果分别为幸福河湖段指数、幸福河湖综合指数。单段评价（幸福河湖段指数）是通过逐级加权单段幸福河湖的分级指标来得到综合评分，按目标层、准则层以及指标层计算得到幸福河湖段的评价结果。单条评价（幸福河湖综合指数）则是对单条幸福河湖进行系统治理后的全域评价结果。

实现系统治理、全域评价和具体做法如下：

（1）幸福河湖评价指标体系更注重水安全，在准则层的水资源、水生态、水休闲、水经济、水文化、水智慧等方面，在建设幸福河湖五大任务的基础上，提出杭州市幸福河湖六大目标体系，科学规划，把握杭州建成新时代美丽中国建设先行示范区的重要机遇，推进河道治理系统化，通过科学评估河湖幸福指数，找准河流主要问题与矛盾，以问题为导向，因地制宜实施治理和保护，最终达到导向准确、施策精准、治理系统的目的。

（2）评价指标基于数据可监测、易获取、低成本原则，考虑到平原、山区河道类型、级别、重要程度、需求以及掌握的基础数据等均有所不同，评价指标的选取体现了区域的差异性，除必选指标外，备选指标可根据地区特点选取，体现了指标体系的灵活性。

（3）对于幸福河湖评价指数评选结果的应用，应与美丽河湖创建、河湖长制、生态文明建设、美丽城镇等工作相结合的新机制，从组织机构、联动机制、考核办法、智慧平台和信息共享等方面进行谋划，推进幸福河湖评价工作和结果应用与关联工作的深度融合，全面推进幸福河湖建设。

（4）对全域幸福河湖建设作出评价指导，推动“七水共建”，为杭州打造以富春江和钱塘江为示范样本，形成“一轴双带十湖千溪”的全域幸福河湖新格局提供重要支撑，推动美丽“杭州”建设与“两山”理念价值转换通道实现。

第四节 县级层面分析

一、浙江余姚市幸福河湖分析

根据浙江省“美丽浙江”建设领导小组河长制办公室、浙江省水利厅《关于开展县级全域幸福河湖建设规划编制工作的通知》（浙水河湖〔2022〕6号）要求，在全面推进“东泄、南蓄、北排（西分）、中疏、低围”的防洪治涝减灾体系建设，大力实施《余姚市水污染防治行动计划》的基础上，统筹融合行业规划中涉水内容，开展《余姚市全域幸福河湖建设规划》编制工作。在浙江省水利河口研究院、浙江省海洋规划设计研究院的论证下，完成《余姚市全域幸福河湖建设规划》。该规划中明确指出，以习近平新时代中国特色社会主义思想为指引，积极践行习近平总书记“节水优先、空间均衡、系统治理、两手发力”治水思路，充分发挥余姚文化底蕴深厚、山水资源丰富的优势，以“安全、健康、宜居、智慧、富民”为指引，以河湖长制提档升级为抓手，以构建“江河安澜”的防洪减灾工程体系、“鱼翔浅底”的清水廊道、“美丽宜居”的滨水河湖空间、“智慧高效”的河湖管护网、“富民惠民”的发展带等为主要任务，提升人民群众的获得感、幸福感、安全感和认同感，为余姚市打造“余山姚水、阳明心城”贡献力量。

经过对余姚幸福河湖建设实践的研究分析，本着实事求是的精神，将其成功做法和经验归纳如下。

（一）科学布局，创新“一河一策”机制

围绕《余姚市国民经济和社会发展第十四个五年规划和二〇三五年远景目标纲要》中提出的建设目标，余姚将“五水办”临时机构转变为常设机构，成立市生态文明促进中心（市水环境治理中心），增强组织队伍、明确机构职能，统筹协调余姚治水工作，为治水提供坚实的机制保障。具体做法如下：

（1）健全联防联控机制。市、县级河湖长及其联系部门（执行河湖长）应按照统分结合、因地制宜的原则，以行政区域或流域为单位，推动属地统筹建立上下游、干支流协调统一的治理、管理、保护工作体系。各级河湖长圈可视情况开展圈内的联合巡查、联合治理、联合执法、联合水质监测等行动，协同落实跨界河湖治理、管理和保护措施。市、县级河湖长及其联系部门（执行河长）负责管辖河湖长圈内下一级河湖长的日常履职监管、上报问题流转解决审核，以及年度考核等工作。

（2）完善联系协调制度。县级及以上河湖长联系部门应明确一名领导作为执行河湖长，确定一个处室和联络员具体负责河湖长日常工作和联络组织，根据需要，可增设一名信息员协助工作。联系部门按照实际工作需要，以专题会议或联席会议的方式推动河湖治理、管理和保护工作，落实河湖长具体工作指示和要求，开展年度工作督促和下级河湖长考核。

（3）创新“绿水币”制度。余姚积极探索创新公众护水“绿水币”制度，建立问题有发现，发现有积分，积分有奖励，奖励有保障的“四有”机制，鼓励和引导村级河湖长、网格员、河道保洁员、沿河企事业单位和居（村）民等参与巡查、发现问题、报送问题、监督治水护水工作。在信息平台河湖长履职评价考核中设公众参与考核模块，对公众参与治水护水活动、参与率、举报满意度等情况进行专项赋分考核。

（二）擦亮特色，打造河湖示范精品线路

围绕余姚市全域幸福河湖建设规划总体布局，按照“点上出彩带动面上精彩”的原则，在政府职能部门绿道建设的基础上，通过美丽河湖、美丽河湖片区建设，打造具有余姚特色的幸福河湖精品线和幸福河湖典范片，在全省起到示范带动作用。

（1）“运河之畔”姚江文化线。“运河之畔”姚江文化线以中心城区段的姚江、最良江和候青江为主要载体，通过借用人行道、借道园路、结合非机动车道等方式，形成畅通、无障碍的滨江水环慢行系统。积极打造姚江—最良江、姚江—候青江滨江水环绿道等城市文脉节点、引入动态光影技术，展现璀璨亮丽三江夜景的幸福河湖精品线。

（2）“两山共富”红色健康线。“两山共富”红色健康线位于梁弄镇，以百丈岗水库—梁弄大溪—四明湖水库为主要载体，串联了白水冲瀑布、浙东红村—横坎头村、浙东革命根据地旧址、越国公祠等主要景观文化节点，长度共 4.69km。前期通过生态化改造、绿化提升及景观节点建设等措施，梁弄大溪于 2021 年成功创建省级美丽河湖。

（3）“山水大隐”绿色休闲线。“山水大隐”绿色休闲线位于大隐镇，以白岩龙溪－芝林大溪—双溪口水库—隐溪河为主要载体，串联了浙东小九寨景区、天下玉苑主题公园、千年古刹云溪禅寺、双溪口水库等主要景观文化节点，总长约 13.74km。前期通过生态化改造、绿化提升及景观节点建设等措施，隐溪河于 2022 年成功创建省级美丽河湖。

（三）数字赋能，推动河湖水域精准施策

余姚全力提升水环境自动监测与预警水平，在国控断面、市控断面、姚江重点支流、入海河流、一大三中水库等点位建成 24 个水质自动监测站的基础上，在县控断面、跨乡镇河道交接断面等点位新建成 12 个水质自动监测站，初步形成一套在线水质评价网络。

（1）基础感知建设日臻补充完善。针对余姚 32 处水闸进行基础感知建设补充完善，并完成 2 座水库的工情数据接入。经初步梳理，需新建工情监测 32 处，同时新增水位计 11 处，梁辉水库由平台接入数据，双溪口水库由现场直接接入数据，实现对余姚市水闸的工情和水情等信息进行全面

感知；对海塘12处点位进行视频链路改造。

（2）基础感知动态监管考核系统。对接“宁波水利智能物联管护系统”以及“宁波市市级水利网络视频监控平台”，结合余姚市基础感知数据信息建设余姚市基础感知动态监管考核系统，包括数据资源服务及考核系统功能。

（3）余姚市智慧水利驾驶舱升级。将余姚智慧水利态势大屏所分析呈现的水旱灾害防御、水利工程和水利资源专题大屏内容在浙政钉App上进行开发，同时上架到PC端浙水安澜系统中。为推进城乡数字化供水系统建设，余姚积极筹资实施村级供水站智能控制平台建设，对28座千人以上村级供水站实施数字化提升改造，进行在线水质检测，实现远程精控。

（四）系统理念，推动全域治水科学治水

（1）系统施策，精准持续发力。余姚以项目建设带动基础设施提升改造，实现姚江干支流同治、全流域治理。同时，进一步巩固提升宁波市级“污水零直排区”创建成果，力争尽快实现32个工业园区“污水零直排区”创建全覆盖，力争在2023年年底前所有乡镇（街道）完成省级创建，并创建成为“污水零直排”县市区。

（2）科学治水，守护碧水清流。实施姚江流域水环境综合整治三年行动（2020—2022年）和冬春季水环境治理百日攻坚战等行动，持续深化姚江治理工作，水环境整体质量得到进一步改善。余姚开展“甬有碧水”攻坚行动，各地各部门加强联动，通过开展生态调水、截污纳管、监测考核、数智治水、水生态保护修复等八大专项行动，进一步完善“一河一策”治理方案，全力抓好姚江支流水质优化，推动水生态环境持续提升。

（3）凸显特色，打造幸福河湖。2021年，余姚投入资金完成鹿亭乡白鹿大溪（石潭至李家塔连接段）生态清洁小流域水土流失综合治理工程。2022年，小曹娥片美丽河湖片区建设工程（横潭河连通工程）、大隐片美丽河湖片区建设工程已基本完工。余姚通过治水、生态、景观为一体的河道综合整治，让美丽河湖成为带富一方百姓的“幸福河湖”。

二、浙江天台县幸福河湖分析

2022年12月，天台水利局组织实施《天台县全域幸福河湖建设规划》，明确提出：立足新发展阶段、贯彻新发展理念、构建新发展格局，坚持以人民为中心，强化系统观念与变革思维，以“安全、健康、宜居、智慧、富民”为指引，以实现天台高质量绿色发展为奋斗目标，按照“一溪引领、两翼拓展、全域美丽”的空间总体布局，深入实施全域幸福河湖建设，全面提升人民群众的获得感、幸福感、安全感和认同感，奋力打造天台“两山”实践标杆，在高质量发展建设共同富裕示范区中贡献天台水利新作为。

经过对天台幸福河湖建设实践的综合研究分析，现将其成功探索和经验总结如下。

（一）冷静查找症结，科学分析问题

对标幸福河湖创建目标，天台县冷静查找症结，科学分析问题，针对安全、健康、宜居、智慧、富民等五个方面仍存在的短板，提升改进。具体如下：

（1）水安全方面，防洪排涝存在缺口。天台河网密度较大，山溪河流较多，以自然岸线为主，河道堤防防洪标准不一，其中小淡溪、大淡溪、王里溪等河道现状堤防防洪标准偏低，薄弱河段较多，影响了县域整体防洪能力。同时，日常管理需要加强。尤其是在交通基础设施、城镇乡村建设等影响下，河道局部束窄形成卡口，造成行洪空间不足，且病险水库、山塘加固任务依然繁重。

（2）水健康方面，生态治理形势严峻。天台县加强水资源监管，在“污水零直排”建设攻坚行动实施以后，地表水资源均有不同程度的改善。但调查发现，在护岸较低的河段，周边的农田尾水、居民生产生活污水也会造成一定的污染。

（3）宜居方面，系统打造全面落实。天台县面对自身存在的生态系统保护和修复工作滞后，生物多样性调查未全面开展，生物物种资源本底尚不清晰的问题，实施系统性建设，推进水系连通及水美乡村建设方案，全域绿道的整体雏形逐渐呈现。

（4）智慧方面，水利数字亟待加强。天台县境内水系、河湖众多，河湖管理和河湖管控信息化能力建设与浙江省水利数字化转型总体架构和标准体系建设要求尚存在一定差距。综合监管数字化方面，洪水预报调度精细化程度不高，主要流域洪水预报调度和灾情评估系统尚未开发完成，水域数字智能监管能力不足，水利人才队伍综合素质有待提高。

(5) 富民方面，融合程度整体不足。通过美丽乡村、水美乡村工程的实施，天台县的乡村环境有了较大改善，涌现出一批典型示范，但美丽乡村能转化为美丽经济的亮点仍缺乏。境内主要支流仍以传统水利工程建设为主，河流景观文化属性未能全面开发，地域特色不突出，全域打造的水生态产品相对较少，需要进一步探索生态价值转换机制，实现文旅资源配置高融合体制。

（二）结合四个坚持，做好总体布局

天台县守住四个坚持，做好总体布局。这四个坚持就是：坚持绿色发展。把河湖保护作为河湖治理的重要内容，统筹好建设、管理和保护的关系，合理确定建设和保护的功能区划，在人类活动较少、生态功能重要的河段应以保护为主，尽量不扰动、少扰动，维持河湖的自然形态和风貌。坚持系统治理。融合发展理念，以乡镇为基本实施单元，协调解决水资源、水环境、水安全问题，进行农村水系系统治理，优化水生态空间体系、保障区域洪涝安全、强化河湖水系管控。坚持数字变革。着眼整体智治，强化问题导向，全面推进河湖治理体系和治理能力现代化，健全监测预警和智能化调度控制体系，全力打造协同高效、数字智慧的“一张图”河湖管理平台。

坚持以人民为中心。以改善民生、促进乡村振兴发展为出发点，优先解决关系民生的水生态环境问题和水安全问题，牢固树立人与自然和谐相处的理念。将农村水系综合整治与区域产业发展转型相结合，在河流水系综合治理中促进产业的升级转型，在产业开发中促进河湖生态空间提升，促进人水和谐，多措并举提升人民群众的获得感和幸福感。

在此基础上，围绕《天台县国民经济和社会发展第十四个五年规划和二〇三五年远景目标纲要》中提出重点打造“绿色工业样板区、诗画浙江引领区、城乡融合示范区、两山实践标杆区、幸福民生先行区”，充分挖掘沿江沿湖优质资源，努力把天台建设成为“现代和合之城”。结合天台高山蔬菜、云雾茶、乌药等资源，深度发展综合型、全域型旅游业，形成大规模、高品质、多系列、高效益的水产业发展体系，进而推动天台水产业规模化、智能化、品质化发展，打造世界级水产业基地。

（三）构建生态格局，确保富民惠民

（1）一心融合。“一心”指现代化和合文化核心，位于天台中心城区，也是天台工业化和城镇化发展的核心，以天台和合文化为导向。通过大淡溪、小法溪、三茅溪、螺溪、前杨溪等区域内13条幸福河湖治理，构建核心区滨水生态廊道空间，展示文化融合性及包容性。

（2）一脉贯通。以流域高质量发展与民生福祉提升为主要目标，积极围绕贯通天台中心城区两岸滨水公共空间“新干线”、高质量谋划幸福水网“经纬线”、协同推进始丰溪流域内示范引领“引航线”。

（3）两廊汇聚。两廊指百里河合生态廊和山水融合唐诗廊。通过对线路途经溪流河岸的整治改造与生态修复，加强对景观文化的修复和保护，以及沿途景区的串联等举措，构建美丽河湖＋“水陆”绿色经济示范带和诗意风情的古道体验带。

（4）三区协同。三区指田园农耕康养区、山水和合养心区、佛道文化修身区。经过“三区协同”组成天台县全域幸福河湖建设的“助力带”，助力本县“两山”生态价值转换，促进天台现代化和合之城建设与发展。

（四）目标条分缕析，任务权责明晰

天台县将幸福河湖目标进行条理分解后，将主要任务的权责进行明晰，收到显著效果。具体如下：

（1）安全保障。坚持“因地制宜、突出重点”的原则，把治水与治山、治林、治田有机结合，扎实开展中小流域防洪治理和重点山洪沟防洪治理，以崔岙溪、黄水溪上游等暴雨中心区域为重点，优先安排洪涝灾害易发、保护人口密集、保护对象重要的河流及河段，主要采取堤防加固和新建、河道清淤疏浚、护岸护坡等综合治理措施，实现中小河流防洪标准达到10年～20年一遇，确保重点区域堤防冲而不毁，有效提升坦头等受山洪威胁较重镇区的防洪能力，持续推进病险水利工程除险加固建设，全面消除水工程安全隐患，健全防洪工程安全风险管控长效机制。

（2）生态健康。天台县水利领域的主要任务是：开展生态系统修复。综合采取堤岸生态化改造、河湖库塘清障清淤与水系连通、水利工程生态化改造、滨水空间营造、水文化节点与水利信息化建设等措施，实现流域防洪保安全、优质水资源、健康水生态、宜居水环境、先进水文化和智慧水管理，使山水城乡融为一体，自然与文化相得益彰。重点开展椒江（始丰溪）及其茶山溪、黄水溪、三茅溪等支流流域内河滩湿地修复、滨水防护林修复、生态修复和水生态工程措施。

（3）美丽宜居。天台县水利领域的主要任务是：实施全域幸福河湖建设。围绕实现“千里幸福河、万顷绿水苑”的“水上天台”总体目标，规划实施水系连通、综合整治等工程，完善互联互通的生态水网，提升区域水环境承载能力。着重提升河湖生态服务和文化承载功能，营造多样化滨水发展新空间，建设“安全生态、清水畅流、彰显韵味”的幸福河湖。

（4）智慧管护。天台县水利领域的主要任务是：完善智慧感知系统。基于现行水利监测网统筹规划，构建天上看、网上管、地上查的天空地动态感知系统体系，为水利数据汇集和应用系统提供准确高效的实时信息。协同推进水治理体系和治理能力的现代化。在全县范围内规划建设生态环保“绿网”数字治理建设工程和建立智慧水管理平台，统筹推进防洪安全与节水管理数字化平台建设。

第六章

幸福河湖建设实施路径

河湖长制是幸福河湖建设的制度保障、内在动力、有效举措，是推动水利现代化的重要力量。以河湖长制为平台，完善党政主导、河长牵头、属地落实、部门联动的工作机制，把建设幸福河湖作为河湖长制工作的重要内容，明确幸福河湖建设目标任务、工作原则和指导意见，探索幸福河湖建设实施路径，推动幸福河湖建设取得实效。

第一节　建设目标与原则

一、建设目标

深入学习贯彻习近平生态文明思想和治水重要论述，完整、准确、全面贯彻新发展理念，推动幸福河湖全域高质量发展，为全面建设社会主义现代化国家、全面推进中华民族伟大复兴提供有力的水安全保障。

全面推进实施中华民族永续发展的战略，坚定不移地走绿色生态道路，统筹建设、管理和保护的关系。坚持系统治理，融合发展，因地制宜，分类施策，助力水经济产业发展壮大；坚持数字变革，整体智治，问题导向，推进河湖治理体系和治理能力现代化；加快协同高效、数字智慧的河湖管护新场景；坚持以人民为中心，满足人民群众对河湖治理的多元需求，多措并举提升人民群众的获得感和幸福感。

为科学实施建设幸福河湖战略指导思想，本着推进安全发展、推动绿色发展、加快智慧发展、统筹融合发展、完善体制机制的高质量发展原则，现从国家战略高度提出我国幸福河湖建设近期目标、中期目标、远期目标：

近期目标：安全、健康、宜居、富民、和谐。中期目标：河安湖晏、水清岸绿、鱼翔浅底、文昌人和。远期目标：永宁水安澜：江河安澜，人民安宁；优质水资源：供水可靠，生活富裕；宜居水环境：水清岸绿，宜居宜赏；健康水生态：鱼翔浅底，生态完整；先进水文化：大河文明，精神家园；人与水和谐：人水和谐，万物共生；智慧水管理：数字管理，智慧河湖。

概括地说，远期目标就是将幸福河湖建设成为安澜之河、富民之河、宜居之河、生态之河、文化之河、和谐之河、智慧之河。

幸福河湖就是永宁水安澜、优质水资源、宜居水环境、健康水生态、先进水文化相统一的河湖，是安澜之河、富民之河、宜居之河、生态之河、文化之河的集合与统称。本书构建了河湖幸福指数指标体系，从水安全、水资源、水环境、水生态、水文化、水和谐、水管理七个维度着眼，提出了水安澜保障度、水资源支撑度、水环境宜居度、水生态健康度、水文化繁荣度、人与水和谐度、水管理智慧度等一级指标 7 个、二级指标 17 个、三级指标 39 个，共计指标 63 个全国通用指标体系。

此外，确定的地方标准则有 46 个，其中地方标准中的一级指标 6 个，二级指标 14 个，三级指标 26 个，三个级别指标共计 46 个。

幸福河湖建设的 7 个关键词：安澜、富民、宜居、生态、文化、和谐、智慧。

（1）安澜，要把防洪保安全作为幸福河湖的首要指标，最大限度保障人民群众生命财产安全和正常生活秩序。

（2）富民，切实增强人民群众生活福祉，生活富裕，充满活力，幸福指数高，具有获得感、幸福感。

（3）宜居，要以山清水秀为底色，坚持流域协同、水岸共治，打造绿色生态、布局合理、舒适便捷、百姓乐享的河湖水域岸线空间。

（4）生态，要从生态系统整体性和流域系统性出发，强化山水林田湖草沙一体化保护和系统治理。

（5）文化，要以水为载体，挖掘水文化资源，弘扬历史文化，打造有文化气息的幸福河湖。

（6）和谐，就是和谐发展，要将幸福河湖建设成为人水和谐，万物共生，与经济社会高质量发展、乡村振兴发展密切结合，推动生态空间合理布局和产业、城市、人口合理规划，带动产业绿色升级。

(7) 智慧，要充分利用新技术、新理念，开展新实践，提升河湖管理数字化、网络化、智能化水平。

（一）近期目标：2025 年建成目标

结合各地实际，实事求是制定实施全域建设幸福河湖在国民经济社会发展中的总体定位，形成安全、健康、宜居、富民、和谐的幸福河湖建设。到 2025 年，全国各省（自治区）幸福河湖全域建设初见成效，幸福河湖全域新格局初步形成，流域内生态流量满足度达到 90%。生活、生产、生态用水需求高质量保障。

根据各个流域内自然禀赋、历史人文特色、建设基础与发展目标需求等，结合全域旅游、美丽城镇和美丽乡村、未来社区、未来乡村、城乡风貌样板区建设，体现融合发展理念，提出全域幸福河湖“点、线、面、体”总体布局。

（二）中期目标：2035 年基本建成目标

深化新时期发展理念，提升新时期发展格局，以新时代习近平生态文明思想和治水重要论述统筹幸福河湖建设实践，坚定不移地以习近平总书记“节水优先、空间均衡、系统治理、两手发力”治水思路武装头脑、指导实践、推动工作，更加自觉地走好水安全有力保障、水资源高效利用、水生态明显改善、水环境有效治理、文化旅游深度融合的高质量发展之路。

到 2035 年年底之前，全国各省（自治区）幸福河湖全域建设基本建成，基本实现安全、富民、宜居、生态、文化、和谐的幸福河湖建设目标，绘就“河安湖晏、水清岸绿、鱼翔浅底、文昌人和”的幸福美景。形成一批在河湖系统治理、管护能力提升、人民福祉提升、流域高质量发展等方面的幸福河湖标志性成果。

（三）远期目标：2050 年高质量全面建成目标

全方位贯彻实施“四水四定”原则，积极将水资源、水生态、水环境承载能力作为刚性约束，在始终确保人民群众生命财产安全的基础上，圆满实施完成国家“江河战略”和“治水战略”，全域建设幸福河湖目标顺利完成。

在2050年年底之前，高质量全面绘就“幸福河湖全域美丽富饶的幸福画卷”，全面建成“永宁安澜、富民惠民、宜赏宜居、生态健康、文化传承、人水和谐、智慧管理”的宏伟目标。

在流域或区域人民群众生活福祉日益增强提高的基础上，绿色经济经过不断优化，成为社会发展的有力支撑，中华优秀水文化得到切实保护传承弘扬，全面建成面向现代化、面向世界、面向未来的，民族的科学的大众的先进水文化。幸福河湖真正成为实现强国建设、民族复兴的有力支撑。

二、目标实施原则

（一）以人为本、安全至上原则

坚持以人为本、安全至上的底线。进一步增强使命感、责任感、紧迫感，统筹发展和安全，深刻认识新征程治水肩负的新使命新任务，增强忧患意识，树牢底线思维，全面提升防范化解水安全风险的能力和水平，牢牢守住水安全底线。

站位全局，全国一盘棋；立足长远，适度超前。统筹推动幸福河湖建设实施，科学全面贯彻新发展理念，切实维护河湖安全，为促进经济社会发展全面绿色转型、实现高质量发展提供有力支撑。始终坚持以人民为中心的发展思想，满足推动高质量发展、创造高品质生活的现实要求，打造河畅、水清、岸绿、景美、人和的亮丽风景线，满足人民对美好生活的向往，不断增强人民获得感、幸福感、安全感，为扎实推动共同富裕构筑坚实的生态根基。

（二）生态优先、绿色发展原则

坚持走生态优先、绿色发展之路。江河湖泊是自然生态系统的重要组成，也是经济社会发展的重要支撑。坚持生态优先、绿色发展，统筹经济社会发展与河湖保护治理，牢固树立生态文明理念，坚持山水林田湖草沙系统治理，尊重自然、顺应自然、保护自然，把生态优先、绿色发展理念贯穿幸福河湖建设实践和运行管理全过程，努力将幸福河湖建设成生态工程，持续改善水生态水环境，维护河湖生态系统完整性，实现人水和谐共生，促进可持续发展。

（三）全域治理、综合施策原则

牢固树立全域治理、综合施策的观念，坚持以流域为单元、水资源为核心、江河为纽带，统筹流域和区域、上下游、左右岸、干支流、地上地下，强化流域统一规划、统一治理、统一调度、统一管理，促进人水和谐共生、建设幸福江河。

要立足流域整体，系统解决水资源、水生态、水环境、水灾害问题。把联网、补网、强链作为幸福河湖建设的重点，推进各层级幸福河湖融合发展，着力提升幸福河湖流域整体效能和全生命周期综合效益。实事求是，精准实施、综合施策，增强水安全风险防控的主动性和有效性。强化综合治理、系统治理、源头治理，建立流域统筹、区域协同、部门联动的河湖管理保护格局，实现河湖面貌的根本改善。

（四）空间均衡、突出特色原则

坚持“空间均衡、突出特色”的原则，牢固树立和践行绿水青山就是金山银山的理念，站在人与自然和谐共生的高度谋划发展，准确把握人与水、水与生态、水与经济社会等辩证统一关系，把“空间均衡、突出特色”的发展思路不折不扣落实到推动新阶段水利高质量发展各领域、各环节、全过程。坚持节水优先方针，推进由粗放用水方式向节约集约用水方式的根本性转变。坚持人口经济与资源环境相均衡，全方位贯彻“四水四定”原则，把水资源、水生态、水环境承载能力作为刚性约束，科学合理规划幸福河湖工程建设布局，优化水资源空间配置，提高重要区域水资源承载能力，促进人口经济与资源环境相均衡。

（五）改革创新、两手发力原则

坚持以“改革创新、两手发力”为引领，坚持多轮驱动，发挥政府和市场、中央和地方、国有资本和社会资本等多方面作用。创新幸福河湖建管体制和投融资机制，充分发挥杠杆作用和科技创新引领作用，大力推进河湖管理智慧化、资源调度智能化、监测预警自动化，加强实体水域与数字水域融合，提升幸福河湖工程科技和智能化水平。坚持政府作用和市场机制两只手协同发力，努力形成政府作用和市场作用有机统一、相互促进的格局，增强水利发展活力。

第二节　战略目标实施指导意见

幸福河湖建设事关中华民族的长远发展，要形成全社会共建幸福河湖的氛围与机制；要充分发挥各类主体的应有作用，形成在中国共产党的全面领导下，各级政府部门、组织机构、事业单位及个人共同参与其中，为幸福河湖建设作出应有贡献，让每一条河流、每一个湖泊成为造福人民的幸福河湖。

推进幸福河湖建设应当深入贯彻习近平总书记在黄河流域生态保护和高质量发展座谈会上的重要讲话精神，积极践行“绿水青山就是金山银山”发展理念，坚持习近平总书记“节水优先、空间均衡、系统治理、两手发力”治水思路，紧紧围绕着幸福河湖建设的战略目标与实施原则，从强化水安澜保障、提高水资源支撑、优化水环境宜居、维护水生态健康、促进水文化繁荣、创新水管理智慧、实现人与水和谐等七大方面来建设幸福河湖。

幸福河湖建设需要全面部署、高位推动、试点先行，由水利部会同各地各有关部门共同努力，共同推进幸福河湖建设，不断完善幸福河湖管理建设的工作要点与实施指南。首先，要明确总体定位和建设方向，编制评价标准、认定办法，形成幸福河湖评价办法和评价标准，规范工作流程和技术指标；其次，通过建立健全幸福河湖建设自评、申报与验收办法，建立健全幸福河湖建设通用复核办法，建立健全幸福河湖通用评价指标体系，不断完善工作机制，全方位保障幸福河湖建设；最后，由省总河湖长以河长令形式下发，确定总体目标，根据各地市、县（区）幸福河湖建设状况，形成省、市、县（区）三级协调联动、协同发力，推动高起点规划、高标准设计、高质量发展的幸福河湖建设。

由此，通过对全国首批幸福河湖 7 个国家级试点及各地方幸福河湖建设案例的研究与分析，制定出《幸福河湖建设全国实施指南》《幸福河湖建设通用评价指标》《幸福河湖建设通用评价指标规范内容》《幸福河湖建设地方通用验收要点》《幸福河湖建设地方通用复核办法》《幸福河湖建设地方通用标准评价指标》《幸福河湖建设地方通用标准评价指标规范内容》。

一、《幸福河湖建设全国实施指南》

推动幸福河湖建设的高质量发展，应当坚持统筹管理、合理设置、严格审批、动态调整、注重实效的原则，设置科学合理、标准明确、操作性强考评指标体系。动员各级河湖长制工作部门通过开展自评、申报、验收等方式，对符合标准的幸福河湖建设单位以通报、命名、授牌等形式予以认定，并总结推广经验做法，发挥示范引领作用的活动。

经过对国内同行业和全国首批幸福河湖7个国家级试点案例研究与分析，制定了《幸福河湖建设全国实施指南》。《幸福河湖建设全国实施指南》附录如下。

《幸福河湖建设全国实施指南》

1. 国家级（水利部）验收省级

1.1　省级自评申报

水利部提出幸福河湖建设的自评、申报、验收等具体工作方案，动员组织各省级河湖长制工作部门积极参与。省级河湖长制工作部门按照本评价规范要求，结合河湖自身功能特点，选取对应评价指标，组织申报单位自评，并形成幸福河湖评价方案、数据资料台账和自评价报告等幸福河湖申报材料。

1.2　水利部验收

省级幸福河湖建设由水利部进行验收。根据各省申报材料，按照相关评价指标进行逐项审核、对比，确认是否达到验收标准。水利部验收小组采用申报材料检查、现场勘查调查、综合论证评价等方法，积极运用信息化技术、注重采取明察暗访等多种方式开展考评。对各省申报的幸福河湖建设方案，按照科学规范的程序开展评估验收，确保评估结果公平、公正。主要包括以下流程：

（1）组成水利部验收小组。幸福河湖水利部验收小组由水利部河湖长制工作部门组织水利、生态环境、规划和自然资源、城乡建设、交通运输、城市管理、绿化园林、农业农村、文化旅游等部门的专业人员或专家参加。

（2）申报材料检查。水利部验收小组按照职能分工，检查各地市申报材料，根据各省提供的幸福河湖评价方案、数据资料台账和自评价报告内容，对相关评价指标项进行赋分，并筛选出需要现场勘查和按比例抽查的指标项。

(3) 现场勘查调查。针对筛选出需要现场勘查或抽查的指标项，水利部验收小组赴河湖现场点位或相关行业主管部门处，征询相关人员意见，对评价指标项数据资料的真实性和有效性进行检查。

(4) 综合论证评价。水利部验收小组以会议的形式对各项评价指标进行综合论证，逐项完成评价指标的验收打分，得出最终的结果，形成统一的评价意见。

1.3　结果公示发布

具有评选资格且评价总分在90分及以上的河湖评价方案，向社会公示评估验收结果。经文件通报、官网发布、媒体等形式公示无异议后，验收合格的单位可由水利部评定为幸福河湖，评价结果在河湖长制公示牌上进行标识。

二、《幸福河湖建设通用评价指标》

幸福河湖的建设应当建立健全综合考评机制，统筹设置考评指标体系，为科学评估幸福河湖建设成效提供参考和依据。基于对“幸福河湖”内涵要义的理解，从水安全、水资源、水环境、水生态、水文化、水和谐、水管理七个维度着眼，构建幸福河湖评价指标体系。经过对国内同行业和全国首批幸福河湖7个国家级试点案例研究与分析，制定幸福河湖建设《幸福河湖建设通用评价指标》，形成水安澜保障度、水资源支撑度、水环境宜居度、水生态健康度、水文化繁荣度、人与水和谐度、水管理智慧度等一级指标7个，下分二级指标17个、三级指标39个，共计63个指标的全国通用评价指标体系。《幸福河湖建设通用评价指标》附录如下。

《幸福河湖建设通用评价指标》

全国幸福河湖通用评价指标设定为：一级指标7个；二级指标17个；三级指标39个。共计指标63个。如表2.1所示。全国幸福河湖通用评价指标列述如下：

1. 安澜之河

1.1　防洪排涝保安全

1.1.1　防洪能力达标率

1.1.2　洪涝灾害损失率

1.1.3　洪涝灾后恢复力

1.2　供水安全指数

1.2.1　饮用水源地水质达标率

1.2.2　应急备用水源覆盖率

1.2.3　供水安全系数

1.3　人民安居指数

1.3.1　人民群众河湖安全感

2. 富民之河

2.1　水资源优质指数

2.1.1　水旅产品融合指数

2.1.2　水资源支撑高质量发展指数

2.2　水经济富民增收指数

2.2.1　流域内人均 GDP 增长率

2.2.2　流域内万元 GDP 用水量

3. 宜居之河

3.1　河湖宜居指数

3.1.1　水体透明清澈度

3.1.2　水量丰沛指数

3.1.3　宜居宜赏指数

3.2　居民亲水指数

3.2.1　滨水空间亲水性

3.2.2　亲水便捷满意度

4. 生态之河

4.1　生态河湖环境指数

4.1.1　河湖纵向连通性

4.1.2　生态流量保证率

4.1.3　水功能区达标率

4.2　河湖生物完整性指数

4.2.1　岸带生物丰富性

4.2.2　水生生物完整性

4.3　生态河湖满意指数

4.3.1　水土保持率

4.3.2　自然岸线保有率

4.3.3　河湖重要生境保留率

5. 文化之河

5.1　水文化资源保护指数

5.1.1　水文化资源、水利遗产保护指数

5.1.2　水文化资源展示与体验指数

5.1.3　水文化传播影响力指数

5.2　水文化弘扬传承指数

5.2.1　先进水文化传承指数

5.2.2　水文化创造创新指数

5.3　水文化公众参与指数

5.3.1　水文化公众认知参与度

5.3.2　水文化宣传公众满意度

6. 和谐之河

6.1　人水和谐指数

6.1.1　居民生活福祉指数

6.1.2　人水和谐发展指数

6.2　人水和谐满意指数

6.2.1　公众参与度

6.2.2　公众满意度

7. 智慧之河

7.1　河湖岸线管护

7.1.1　河湖岸线保护修复水平

7.1.2　水域岸线空间管控率

7.2　智慧河湖指数

7.2.1　数字化流域覆盖率

7.2.2　河湖管理智慧化水平

为了更加清晰、直观地展现幸福河湖建设通用评价指标体系及思路，特制作表6－1和图6－1。

表6－1　　　　　　幸福河湖建设通用评价指标体系

目标	一级指标7个	二级指标17个	三级指标39个	评价（打√或×）
幸福河湖指数	安澜之河（水安澜保障度）	防洪排涝保安全	防洪能力达标率	
			洪涝灾害损失率	
			洪涝灾后恢复力	
		供水安全指数	饮用水水源地水质达标率	
			应急备用水源覆盖率	
			供水安全系数	
		人民安居指数	人民群众河湖安全感	
	富民之河（水资源支撑度）	水资源优质指数	水旅产品融合指数	
			水资源支撑高质量发展指数	
		水经济富民增收指数	流域内人均GDP增长率	
			流域内万元GDP用水量	
	宜居之河（水环境宜居度）	河湖宜居指数	水体透明清澈度	
			水量丰沛指数	
			宜居宜赏指数	
		居民亲水指数	滨水空间亲水性	
			亲水便捷满意度	
	生态之河（水生态健康度）	生态河湖环境指数	河湖纵向连通性	
			生态流量保证率	
			水功能区达标率	

续表

目标	一级指标7个	二级指标17个	三级指标39个	评价（打√或×）
幸福河湖指数	生态之河（水生态健康度）	河湖生物完整性指数	岸带生物丰富性	
			水生生物完整性	
		生态河湖满意指数	水土保持率	
			自然岸线保有率	
			河湖重要生境保留率	
	文化之河（水文化繁荣度）	水文化资源保护指数	水文化资源、水利遗产保护指数	
			水文化资源展示与体验指数	
			水文化传播影响力指数	
		水文化弘扬传承指数	先进水文化传承指数	
			水文化创造创新指数	
		水文化公众参与指数	水文化公众认知参与度	
			水文化宣传公众满意度	
	和谐之河（人水和谐幸福度）	人水和谐指数	居民生活福祉指数	
			人水和谐发展指数	
		人水和谐满意指数	公众参与度	
			公众满意度	
	智慧之河（水流域智慧度）	河湖岸线管护	河湖岸线保护修复水平	
			水域岸线空间管控率	
		智慧河湖指数	数字化流域覆盖率	
			河湖管理智慧化水平	

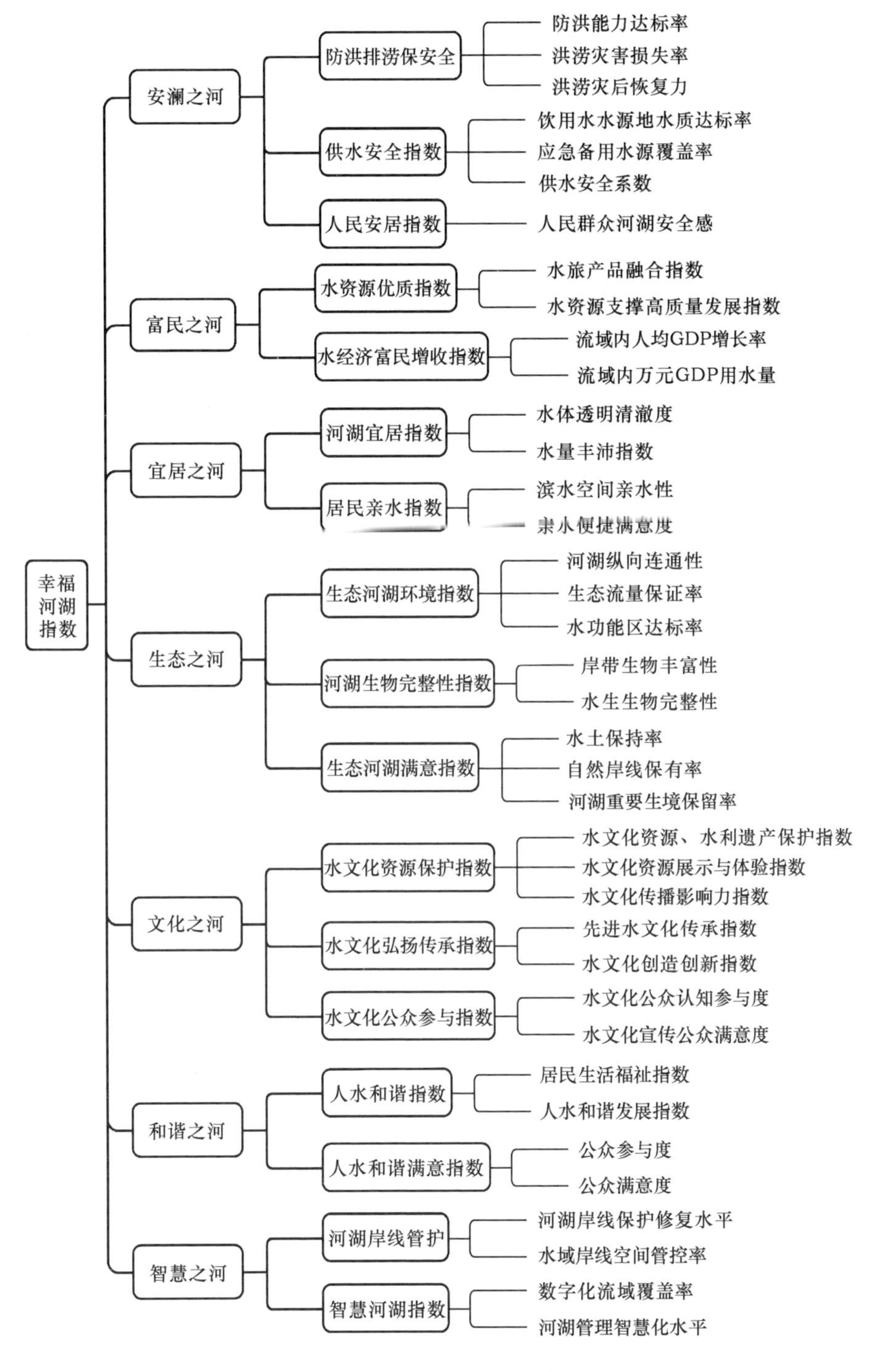

图6-1　幸福河湖建设通用评价指标思路图

经过对国内同行业和全国首批幸福河湖7个国家级试点案例研究与分析，制定了《幸福河湖建设通用评价指标规范内容》。《幸福河湖建设通用评价指标规范内容》附录如下：

《幸福河湖建设通用评价指标规范内容》

1. 安澜之河

1.1　防洪排涝保安全

防洪排涝保安全准则层中，需要充分考虑防洪基础设施是否能够充分确保安全问题。防洪排涝保安全可作为准则层，又可作为指标层，选取防洪能力达标率、洪涝灾害损失率、洪涝灾后恢复力等作为指标。

1.1.1　防洪能力达标率

防洪能力达标率，亦即防洪堤防达标率，是指防洪堤防达到相关规划防洪标准要求的长度与现状堤防总长度的比例。分为河流防洪能力达标率、水库防洪达标率。

河流防洪能力达标率统计达到防洪标准的堤防长度占堤防总长度的比例，按照相关公式计算。

1.1.2　洪涝灾害损失率

洪涝灾害损失率，是指受灾河湖流域各类财产、农作物以及居民的损失值与洪涝灾害发生的灾前值或正常值之比率。洪涝灾害损失包括直接经济损失、间接经济损失和非经济损失。

1.1.3　洪涝灾后恢复力

洪涝灾后恢复力是指河湖流域在受到洪涝灾害后，有效恢复社会、经济和生活秩序的能力和水平。这一指标的重要之处，在于为防洪减灾规划和应急能力建设提供决策依据。

由于洪涝灾后恢复力受相关因素影响，恢复力又分为高恢复力、低恢复力、中等恢复力等三个等级。为便于考核和分类，通常又将洪涝灾后恢复力的受制约因素分为社会、经济、自然和技术四个方面。

1.2　供水安全指数

供水安全指数分两种，一种是河道型和湖库型饮用水水源地的供水安全指数，一种是地下水型饮用水水源地的供水安全指数。

供水安全指数可作为准则层，又可作为指标层，选取饮用水源地水质达标率、应急备用水源覆盖比率、供水安全系数等为指标。

1.2.1　饮用水源地水质达标率

饮用水源地水质达标率，是指流域内地表水集中式饮用水水源地合格数量占地表水集中式饮用水水源地总数的比率。

1.2.2　应急备用水源覆盖率

应急备用水源覆盖比率，是指应急备用水源地在流域内地表水集中式饮用水源地，面临自然灾害或突发水污染事件等特殊情况引发供水量严重不足或暂时停止供水情况下，能够及时补充或替代常规供水水源并具有完备接入自来水厂的安全供水水源地的覆盖比率。

1.2.3　供水安全系数

供水安全系数是指供水系统最大供水能力与平均需水量的比值。

供水安全系数是评估供水系统安全性的一项重要指标。供水安全是人民生活质量安全的最基本保障。供水系统的发展和升级需要足够的供水安全系数支撑。

1.3　人民安居指数

人民安居指数，是指人民群众在幸福河湖沿岸安居乐业的指数。这一指数是基于人民群众对河湖沿岸综合设施和安全的综合评价。这要求幸福河湖建设不仅要从硬件上着手，更要坚持以人民为中心的发展思想，真正确保人民安居。

1.3.1　人民群众河湖安全感

人民群众河湖安全感，是指人民群众对河湖抵御灾害能力和安全服务措施正常运行的安全评价指数。

这一指标来自对河湖排洪防涝能力、供水保证率、洪涝灾后恢复力等方面的综合评价。

2. 富民之河

2.1　水资源优质指数

水资源优质指数是指河湖保持生命活力的基础指数和重要内容，是检验人民群众饮水用水乐水的基本方法，与居民生活幸福指数、经济社会发展指标密切相关。

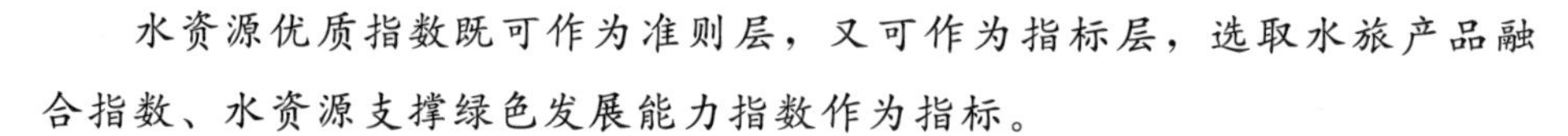

水资源优质指数既可作为准则层，又可作为指标层，选取水旅产品融合指数、水资源支撑绿色发展能力指数作为指标。

2.1.1　水旅产品融合指数

水旅产品融合指数是指以河湖核心元素——水为资源，与旅游产品融合产生的水旅产品所形成的新的丰富内涵和发展价值。

实施水旅产品融合，要本着“建设幸福河湖，营造美丽风景，带动水旅产业”的思路，实现水景区为民、水产业富民，使“水旅产品”集中实现时代价值。

2.1.2　水资源支撑高质量发展指数

水资源支撑高质量发展指数是指以水资源为刚性约束，以时代高质量发展为指引，为推动转型升级和优化配置而不断提升的水资源高效支撑经济发展的能力指数。

通常情况下，衡量水资源支撑高质量发展指数，以水资源开发利用率、万元 GDP 用水量作为参数。

2.2　水经济富民增收指数

水经济富民增收指数是指以新时代绿色发展核心理念为引领，将水资源作为重要生产要素，创造性实现水资源的绿色增收价值。

水经济富民增收指数的内涵是满足人民群众对优质水资源的需求，既要发挥水资源的生态价值，又要打通生态价值与经济价值转化的途径。同时遵循可持续利用、区域公平、代际公平、节水优先、以水定需、量水而行等原则。

2.2.1　流域内人均 GDP 增长率

流域内人均 GDP 增长率，即流域内人均国内生产总值增长率，是指一定时期内所定流域的经济增长率，用以衡量一定时期的经济变化。

人均国内生产总值通常指一定时期内按常住人口平均计算的 GDP。参考上一年各省人均国内生产总值来设定赋分标准。

2.2.2　流域内万元 GDP 用水量

这一指标表征水资源集约利用水平，反映了水资源对区域国内生产总值的影响，评估以行政区为样本采集单元，根据流域内各行政区国内生产总值与取水总量比值计算，不同行政区内河流长度作为权重，各行政区河段结果叠加后得到该河流万元 GDP 用水量。将结果与当年各省万元 GDP 用水量进行对比排序，设定赋分标准。

3. 宜居之河

3.1　河湖宜居指数

河湖宜居指数是反映一定流域内河湖水质状况与水量丰富度的重要指标，也是河湖水环境和沿岸自然环境是否达到居民宜居宜赏的目标要求。河湖宜居指数可为准则层，又可为指标层。选取水质优劣程度、水资源丰度指数作为指标。

3.1.1　水体透明清澈度

水体透明清澈度是指光透入河湖水中依据深浅而呈现的清澈透明程度，用以表征水中悬浮物含量的多少，是反映河湖水质的重要指标。

3.1.2　水量丰沛指数

水资源丰度指数，亦即一定流域水资源丰度指数，是综合反映一定流域水环境水质与水量的指标，可以用来比较不同区域水环境和水资源状况。

水资源丰度指数评价的基本思路：水资源是水质和水量的统一体。没有水量，就没有上水质，就没有符合要求的水质。

3.1.3　宜居宜赏指数

河湖宜居宜赏指数是对考核河湖水环境和沿岸自然环境是否达到居民宜居宜赏目标要求的一项指标。

3.2　居民亲水指数

居民亲水指数是指以围绕幸福河湖内涵，以碧道、湿地公园、水利风景区等滨水公共空间为主要评价对象，从安全通畅、生态健康、体验舒适、管护得当、示范引领等多个维度所构建的指标。

居民亲水指数作为准则层，选取滨水空间亲水性、亲水便捷满意指数为指标。

3.2.1　滨水空间亲水性

滨水空间是指滨临河湖水体的空间区域，是河湖流域最具魅力的公共空间之一。该类空间是当前幸福河湖建设的重要区域和日益稀缺的环境资源，具有重要的自然生态价值与社会使用价值。

建设幸福河湖已经能够科学地控制水的四季涨落特性，因而滨水空间的亲水性成为可能。如何让人与水进行直接接触，是幸福河湖建设在规划阶段应着重研究的内容。

3.2.2　亲水便捷满意度

亲水便捷满意度是指公众在河湖滨水空间进行亲水体验式感到的亲水设施方便和舒适程度满意度。作为公共空间的有机组成部分，力求将公园、广场、栈道等设施建成共享空间，凸显安全性、舒适性，没有机动车与非机动车之间的影响和干扰，能够确保步行系统的便捷畅通。

4. 生态之河

4.1　生态河湖环境指数

生态河湖环境指数包含河湖系统内生态元素在空间结构上的纵向联系、维持河湖生态系统的不同程度生态系统结构和功能必须维持的流量过程、水质达标的水功能区占评价的水功能区比例等多个维度。生态河湖环境指数可为准则层，又可为指标层，选取河湖纵向连通性、生态流量保证率、水功能区达标率作为指标。

4.1.1　河湖纵向连通性

河流纵向连通性是指在河流系统内生态元素在空间结构上的纵向联系，反映水利水电工程建设对河流纵向连通的干扰状况。

河流纵向连通性指数采用公式计算赋分。

4.1.2　生态流量保证率

生态流量保障率，亦即河流生态流量保证程度，是指为维持河流生态系统的不同程度生态系统结构和功能必须维持的流量过程。

生态流量保障程度可以通过断面生态基流满足程度表征，采用评价断面生态基流目标值满足天数占评估年总天数的百分比。

4.1.3　水功能区达标率

水功能区达标率是指水质达标的水功能区占评价的水功能区比例。水功能区是为满足水资源合理开发和有效保护的需求，在相应水域按其主导功能，划定并执行相应质量标准的特定区域。

水功能区水质目标按水功能二级区划执行相应的水质标准。

4.2　河湖生物完整性指数

河湖生物完整性指数是指要结合河湖生态环境实际情况，遵循河湖生物类群栖息及生存规律，并充分考虑水域环境的自然地理条件，生物类群的时间变化特点。河湖生物完整性指数既可为准则层，又可为指标层，选取岸带生物丰富性、水生生物完整性作为指标。

4.2.1　岸带生物丰富性

岸带生物丰富性是指在河湖岸带异质性较高、相对开放的区域，适于多种生物生长，形成生物群落，从而呈现出多样性丰富性的系统特征。

该指标是根据幸福河湖建设情况，对河湖岸带生物丰富性进行评价检验的一项内容。

4.2.2　水生生物完整性

水生生物完整性，即是水生生物得到保护而呈现的生态系统完整性。水生生物完整性主要包括鱼类、大型底栖无脊椎动物、水生植物等多样性和完整性状况，也包括评估外来物种入侵情况，至少应调查评价鱼类保有指数和外来物种入侵状况。

4.3　生态河湖满意指数

生态河湖满意指数是指生态河湖必须具有稳定、有弹性的自然生态系统结构，能够满足较高标准的防止水土流失、保护生态多样性等功能。生态河湖满意指数可为准则层，又可为指标层。选取水土保持率、河湖重要生境保留率、自然岸线保有率等作为指标。

4.3.1　水土保持率

水土保持率是反映水土保持总体状况的宏观管理指标，是水土流失预防治理效果和自然禀赋水土保持功能在空间尺度的综合体现，是指评价区域内水土保持状况良好的面积（非水土流失面积）占该区域面积的百分之比率。

数据来自相关统计，指标值计算方法按照公式进行，水土保持率据此赋分。

4.3.2　自然岸线保有率

自然岸线保有率是指河湖自然岸线长度占河湖岸线总长度的比率。由于自然岸线包括天然的或整治修复后具有自然形态特征和生态功能的水体岸线，所以，这一指标的提出有利于促进科学地开展生态修复，增强河湖岸线连通性，构建近岸地带物种栖息地，为生物多样性保护提供良好自然条件，努力实现“人水和谐”。

4.3.3　河湖重要生境保留率

幸福河湖建设中的河湖重要生境保留率，是指河湖流域的岸带具有维持生物多样性、净化水体、稳定河岸、调节微气候和美化环境等重要功能，是以平水期河流水位为起始线，两侧各向外延伸20m。

河湖重要生境保留率能够反映河湖流域岸带的生态健康状况。

5. 文化之河

水文化是指以水和水事活动为载体，所创造的以水为核心的文化现象总和。亦可以说，水文化是以水为核心的文化集合体。从形式上讲，水文化资源包括水形态、水工程、水工具、水环境、水景观等。

5.1　水文化资源保护指数

水文化资源保护指数可作为准则层，也可作为指标层。选取水文化资源、水利遗产保护指数，水文化资源展示与体验指数，水文化传播影响力指数等作为指标。

5.1.1　水文化资源、水利遗产保护指数

水文化资源、水利遗产保护指数，是指以水和水事活动为载体，遗留下来的水工程、水工具、水环境、水景观及水利遗产等得到有效保护的情况。

5.1.2　水文化资源展示与体验指数

水文化资源展示与体验指数，是指以水文化资源展示和体验为目标，对水利遗产、水利工程、水利工具以及水环境、水景观等进行体验式建设保护的状况。

5.1.3　水文化传播影响力指数

水文化传播影响力指数，是指水文化在设定区域的传播影响能力。是综合评价所在区域创新开展先进水文化宣传、教育的措施和效果，推动公众参与精神文明创建、道德纪律约束等方面的理念和方式，开展文化型政府机关、文化型家庭、文化型学校、文化型社区等文化项目的提升和创建活动。

5.2　水文化弘扬传承指数

水文化弘扬传承指数可作为准则层，也可作为指标层，主要选取先进水文化传承指数、水文化创造创新指数为指标。

5.2.1　先进水文化传承指数

先进水文化传承指数，主要基于所设定区域内的水文化遗产、水文化博物馆、水利展览馆等传承项目的品质、规模和等级等进行评价。其计算方法可采取水文化遗产、水文化博物馆、水利展览馆等传承项目数量与弘扬传承能力进行测算。其中，采集水文化传承能力的参数，主要依靠人员数量、容纳人员数量及公益活动数量等获取。

5.2.2　水文化创造创新指数

水文化创造创新指数是指人民群众在河湖流域依托水资源，以富有创造性和创新性的社会实践创造出富有民族特色、时代特色的先进水文化新样式新内容。

其计算方法主要是获取所设定河湖流域水文化传承项目的创造创新数量。

5.3　水文化公众参与指数

水文化公众参与指数可作为准则层，也可作为指标层。主要选取水文化公众认知参与度和水文化宣传公众满意度等作为指标。

5.3.1　水文化公众认知参与度

水文化公众认知参与度，是指在设定的河湖流域内公众对先进水文化的认识、理解、接受和参与的综合状况。

5.3.2　水文化宣传公众满意度

水文化宣传公众满意度，是指所设定河湖流域内公众对先进水文化的宣传、普及表现出的满意程度。

6. 和谐之河

居民生活幸福指数选用人均国内生产总值、恩格尔系数、平均预期寿命等国际通用指标。

6.1　人水和谐指数

人水和谐指数是指人文系统与水系统相互协调的良性循环的状态，即在不断改善水系统自我维持和更新能力的前提下，使水资源能够为人民群众的生活和经济社会的可持续发展提供可持续的支撑和保障。

6.1.1　居民生活福祉指数

居民生活福祉指数是以流域内城乡居民宜居宜业宜游和共同富裕为目

标，采集人均国内生产总值、居民平均预期寿命等作为参数。

居民生活福祉水平是在河湖水经济结构得到优化的基础上，居民从中获得的人均纯收入达到一定水平，带动生活福祉指数增加，从而享受到美满幸福的生活状态。

6.1.2　人水和谐发展指数

人水和谐发展指数是指河湖流域内人文系统与水系统相互协调的良性循环状态，以及这种状态支撑实现高质量发展的指数。这一指标是幸福河湖建设的重要目标和原则。

这一指标要求，积极正确处理人与水的关系，把人水和谐的理念贯穿落实到水资源节约、保护、治理、配置、管理全过程。

6.2　人水和谐满意指数

人水和谐满意指数是从公众对河湖人水和谐状况的切身体会出发，作出对幸福河湖建设中人水和谐、万物共生的满意程度表达。人水和谐满意指数可以作为准则层，也可作为指标层。选取公众参与度、公众满意度等作为指标。

6.2.1　公众参与度

公众参与度作为人水和谐满意指数准则层之下的一个指标，主要用于检查公众参与河湖人水和谐的程度，是衡量人水和谐满意指数的一个方面。

公众对河湖的人水和谐状况有着广泛而深切的体会，所以有参与权和知情权。在参与过程中，影响决策和实施，从而又推动了幸福河湖的和谐发展。

6.2.2　公众满意度

公众满意度是指所设定河湖区域公众对人水和谐、万物共生的满意程度。

这一指标的评价和赋分主要采取抽样调查、网络问卷调查等。

7. 智慧之河

7.1　河湖岸线管护

河湖岸线管护指数是确保河湖水域岸线的自然形态、自然风貌完整，因地制宜对河湖水域采取仿生态整治，构建河湖水域岸线空间管理保护格局。河湖岸线管护指数既可以作为准则层，也可作为指标层，选取河湖岸

线保护修复水平、水域岸线空间管控率等作为指标。

7.1.1　河湖岸线保护修复水平

河湖岸线保护修复水平是指为确保河湖水域岸线的自然形态、自然风貌，因地制宜对河湖水域采取仿生态整治、仿自然修补的办法，保护恢复河湖水域生态岸线的水平。

7.1.2　水域岸线空间管控率

水域岸线空间管控率是指按照水利部实施《关于加强河湖水域岸线空间管控的指导意见》而构建的河湖水域岸线空间管理保护格局，以水域岸线空间管控边界、水域岸线用途管制、水域岸线监管的能力提升为指标。

7.2　智慧河湖指数

智慧河湖指数是指河湖管理实现智慧化，包含河湖监测感知体系建设，河湖管理数字化覆盖，河湖治理体系和治理能力现代化，建立“智慧高效”的河湖管护网等多个维度。智慧河湖指数既可以作为准则层，也可作为指标层，选取数字化流域覆盖率、河湖管理智慧化水平等作为指标。

7.2.1　数字化流域覆盖率

数字化流域覆盖率，是指河湖流域单位长度所采用数字化技术水平在总长度中的覆盖比率。各地要升级改造传统监测系统，强化北斗卫星、遥感分析等先进技术和装备的应用，提升流域智能感知能力，建成智能在线的河湖感知网。包括流域智能感知建设、重点工程数字化改造、数字化平台建设方面的各项任务。

7.2.2　河湖管理智慧化水平

河湖管理智慧化水平是指为加强河湖动态管理而采用并实现的信息化、智能化、智慧化水平。

河湖管理实现智慧化，是对标新时代新发展理念的必然要求。利用“全国水利一张图”及河湖遥感本底数据库，及时将河湖管理范围划定成果、岸线规划分区成果、涉河建设项目审批信息上图入库，实现动态监管。

三、《幸福河湖建设地方通用验收要点》

经过对国内同行业和各地方幸福河湖建设的案例研究与分析，制定了《幸福河湖建设地方通用验收要点》。《幸福河湖建设地方通用验收要点》附录如下。

《幸福河湖建设地方通用验收要点》

1. 地市级验收县（区）级

1.1 县（区）级自评申报

各县（区）级河湖长制工作部门按照本评价规范要求，结合河湖自身功能特点，选取对应评价指标，组织区级自评，并形成幸福河湖评价方案、数据资料台账和自评价报告等幸福河湖申报材料。

1.2 地市级验收

地市级验收就是根据县（区）级申报材料，按照相关评价指标进行逐项检验而后认可的验收。

地市级验收小组采用申报材料检查、现场勘查调查、综合论证评价等方法，对各县（区）申报的幸福河湖进行逐项验收。主要包括以下流程：

(1) 组成地市级验收小组。幸福河湖地市级验收小组由地市级河湖长制工作部门组织水利、生态环境、规划和自然资源、城乡建设、交通运输、城市管理、绿化园林、农业农村、文化旅游等部门的专业人员或专家参加。

(2) 申报材料检查。地市级验收小组按照职能分工，检查各县（区）级申报材料，根据各县（区）级提供的幸福河湖评价方案、数据资料台账和自评价报告内容，对相关评价指标项进行赋分，并筛选出需要现场勘查和按比例抽查的指标项。

(3) 现场勘查调查。针对筛选出需要现场勘查或抽查的指标项，地市级验收小组赴河湖现场点位或相关行业主管部门处，征询相关人员意见，对评价指标项数据资料的真实性和有效性进行检查。

(4) 综合论证评价。地市级验收小组以会议的形式对各项评价指标进行综合论证，逐项完成评价指标的验收打分，得出最终的结果，形成统一的评价意见。

1.3 结果公示发布

具有评选资格且评价总分在90分及以上的河湖评价方案，向社会公示评估验收结果。经文件通报、官网发布、媒体等形式公示无异议后，验收合格的单位可由水利部评定为幸福河湖，评价结果在河湖长制公示牌上进行标识。

2. 省级验收地市级

2.1　地市级自评申报

地市级河湖长制工作部门按照本评价规范要求，结合河湖自身功能特点，选取对应评价指标，组织各个地市自评，并形成幸福河湖评价方案、数据资料台账和自评价报告等幸福河湖申报材料。

2.2　省级验收

省级验收就是根据各个地市申报材料，按照相关评价指标进行逐项检验而后认可的验收。

省级验收小组采用申报材料检查、现场勘查调查、综合论证评价等方法，对各地市申报的幸福河湖进行逐项验收。主要包括以下流程：

（1）组成省级验收小组。幸福河湖省级验收小组由省级河湖长制工作部门组织水利、生态环境、规划和自然资源、城乡建设、交通运输、城市管理、绿化园林、农业农村、文化旅游等部门的专业人员或专家参加。

（2）申报材料检查。省级验收小组按照职能分工，检查各地市申报材料，根据各地市提供的幸福河湖评价方案、数据资料台账和自评价报告内容，对相关评价指标项进行赋分，并筛选出需要现场勘查和按比例抽查的指标项。

（3）现场勘查调查。针对筛选出需要现场勘查或抽查的指标项，省级验收小组赴河湖现场点位或相关行业主管部门处，征询相关人员意见，对评价指标项数据资料的真实性和有效性进行检查。

（4）综合论证评价。省级验收小组以会议的形式对各项评价指标进行综合论证，逐项完成评价指标的验收打分，得出最终的结果，形成统一的评价意见。

2.3　结果公示发布

具有评选资格且评价总分在90分及以上的河湖评价方案，向社会公示评估验收结果。经文件通报、官网发布、媒体等形式公示无异议后，验收合格的单位可由水利部评定为幸福河湖，评价结果在河湖长制公示牌上进行标识。

四、《幸福河湖建设地方通用复核办法》

在验收通过后，省级或市级河湖长制工作部门应当切实履行主体责任，深入参与和指导监督，加强常态化管理，形成长效机制。制定幸福河湖建设的复核验收工作方案、评估周期、退出机制，对“幸福河湖”进行复核验收。经过对国内同行业和各地方幸福河湖建设的案例研究与分析，制定了《幸福河湖建设地方通用验收要点》。《幸福河湖建设地方通用验收要点》附录如下。

《幸福河湖建设地方通用复核办法》

1. 省级或市级复核验收

省级或市级复核验收小组采用申报材料审查、现场勘查调查、综合论证评价等方法，对下级申报的幸福河湖进行的审查核对或再次审核验收。主要包括以下流程：

（1）组成复核验收小组。省级或市级幸福河湖复核验收小组由省级或市级河湖长制工作部门组织水利、生态环境、规划和自然资源、城乡建设、交通运输、城市管理、绿化园林、农业农村、文化旅游等部门的专业人员或专家参加。

（2）申报材料审查。省级或市级复核验收小组按照职能分工，审查核对或再次审核下级申报材料，根据下级提供的幸福河湖评价方案、数据资料台账和自评价报告内容，对相关评价指标项进行赋分，并筛选出需要现场勘查和按比例抽查的指标项。

（3）现场勘查调查。经过审查核对或再次审核而筛选出需要现场勘查或抽查的指标项，省级或市级复核验收小组赴河湖现场点位或相关行业主管部门处，征询相关人员意见，对评价指标项数据资料的真实性和有效性进行审查核对或再次审核。

（4）综合论证评价。省级或市级复核验收小组以会议的形式对各项评价指标进行综合论证，逐项完成评价指标的审查核对或再次审核打分，得出最终的复核结果，形成统一的评价意见。

2. 复核结果公示

具有评选资格且评价总分在90分及以上的河湖，经文件通报、网站发布等形式公示无异议后可评定为省级或市级幸福河湖，评价结果在河湖长制公示牌上进行标识。

省级或市级幸福河湖每两年复核一次，复核时如发生不符合参评条件的事项，取消其幸福河湖称号，完成整改后可重新申报复核。复核时发现评价指标项明显下滑，复核评价总分低于90分的，取消其幸福河湖称号，两年内可再申请复核一次，两次复核均不通过者，需重新进行自评申报。

五、《幸福河湖建设地方通用标准评价指标》

各地可根据幸福河湖建设实际情况，选用全国通用评价指标体系中的指标项，制定其地方通用评价指标体系。经过对国内同行业和各地方幸福河湖建设案例研究与分析，制定了《幸福河湖建设地方通用标准评价指标》。地方通用标准评价指标，一级指标 6 个，二级指标 14 个，三级指标 26 个，三个级别指标共计 46 个。《幸福河湖建设地方通用标准评价指标》附录如下。

《幸福河湖建设地方通用标准评价指标》

地方通用标准评价指标，一级指标 6 个，二级指标 14 个，三级指标 26 个，三个级别指标共计 46 个。具体指标和指标体系如下：

1. 安澜之河

1.1　防洪排涝保安全

1.1.1　防洪能力达标率

1.1.2　洪涝灾害损失率

1.1.3　洪涝灾后恢复力

1.2　供水安全指数

1.2.1　饮用水源地水质达标率

1.2.2　应急备用水源覆盖率

1.3　人民安居指数

1.3.1　人民群众河湖安全感

2. 富民之河

2.1　水资源优质指数

2.1.1　水旅产品融合指数

2.1.2　水资源支撑高质量发展指数

2.2　人水和谐指数

2.2.1　居民生活福祉指数

2.2.2　流域内万元 GDP 用水量

3. 宜居之河

3.1　河湖宜居指数

3.1.1　水体透明清澈度

3.1.2　水量丰沛指数

3.2　居民亲水指数

3.2.1　滨水空间亲水性

3.2.2　亲水便捷满意度

4. 生态之河

4.1　生态河湖环境指数

4.1.1　河湖纵向连通性

4.1.2　生态流量保证率

4.1.3　水功能区达标率

4.2　河湖生物完整性指数

4.2.1　岸带生物丰富性

4.2.2　水生生物完整性

4.3　生态河湖满意指数

4.3.1　水土保持率

4.3.2　自然岸线保有率

5. 文化之河

5.1　水文化资源保护指数

5.1.1　水文化资源、水利遗产保护指数

5.2　水文化弘扬传承指数

5.2.1　先进水文化传承指数

5.2.2　先进水文化公众参与指数

6. 智慧之河

6.1　河湖岸线管控

6.1.1　水域岸线空间管控率

6.2　智慧河湖指数

6.2.1　河湖管理智慧化水平

为了清晰、直观地展现幸福河湖建设地方通用标准评价指标体系及思路，特制作表 6-2 和图 6-2。

表 6-2　幸福河湖建设地方通用标准评价指标体系

目标	一级指标 6 个	二级指标 14 个	三级指标 26 个	评价（打√或×）
幸福河湖指数	安澜之河（水安澜保障度）	防洪排涝保安全	防洪能力达标率	
			洪涝灾害损失率	
			洪涝灾后恢复力	
		供水安全指数	饮用水水源地水质达标率	
			应急备用水源覆盖率	
		人民安居指数	人民群众河湖安全感	
	富民之河（水资源支撑度）	水资源优质指数	水旅产品融合指数	
			水资源支撑高质量发展指数	
		人水和谐指数	居民生活福祉指数	
			流域内万元 GDP 用水量	
	宜居之河（水环境宜居度）	河湖宜居指数	水体透明清澈度	
			水量丰沛指数	
		居民亲水指数	滨水空间亲水性	
			亲水便捷满意度	
	生态之河（水生态健康度）	生态河湖环境指数	河湖纵向连通性	
			生态流量保证率	
			水功能区达标率	
		河湖生物完整性指数	岸带生物丰富性	
			水生生物完整性	
		生态河湖满意指数	水土保持率	
			自然岸线保有率	
	文化之河（水文化繁荣度）	水文化资源保护指数	水文化资源、水利遗产保护指数	
		水文化弘扬传承指数	先进水文化传承指数	
			水文化创造创新指数	
	智慧之河（水流域智慧度）	河湖岸线管护	河湖岸线保护修复水平	
		智慧河湖指数	数字化流域覆盖率	

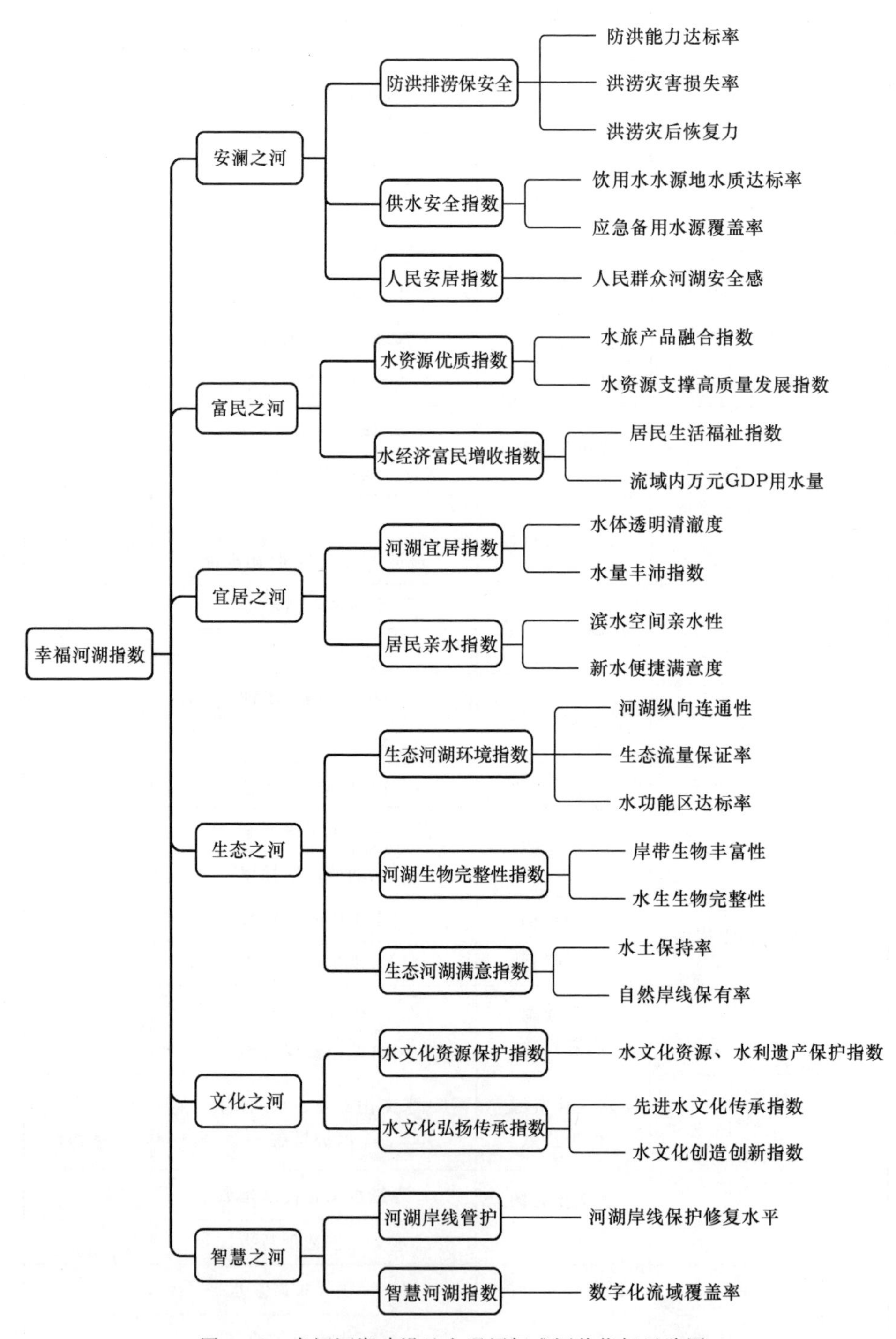

图 6－2　幸福河湖建设地方通用标准评价指标思路图

经过对国内同行业和各地方幸福河湖建设案例研究与分析，制定了《幸福河湖建设地方通用标准评价指标规范内容》。《幸福河湖建设地方通用标准评价指标规范内容》附录如下：

《幸福河湖建设地方通用标准评价指标规范内容》

1. 安澜之河

1.1　防洪排涝保安全

防洪排涝保安全准则层中，需要充分考虑防洪基础设施是否能够充分确保安全问题。具体确定防洪能力达标率、洪涝灾害损失率、洪涝灾后恢复力等作为指标。

1.1.1　防洪能力达标率

防洪能力达标率，亦即防洪堤防达标率，是指防洪堤防达到相关规划防洪标准要求的长度与现状堤防总长度的比例。分为河流防洪能力达标率、水库防洪达标率。

河流防洪能力达标率统计达到防洪标准的堤防长度占堤防总长度的比例，按照相关公式计算。

1.1.2　洪涝灾害损失率

洪涝灾害损失率，是指受灾河湖流域各类财产、农作物以及居民的损失值与洪涝灾害发生的灾前值或正常值之比率。洪涝灾害损失包括直接经济损失、间接经济损失和非经济损失。

1.1.3　洪涝灾后恢复力

洪涝灾后恢复力是指河湖流域在受到洪涝灾害后，有效恢复社会、经济和生活秩序的能力和水平。这一指标的重要之处，在于为防洪减灾规划和应急能力建设提供决策依据。

1.2　供水安全指数

供水安全指数分两种，一种是河道型和湖库型饮用水水源地的供水安全指数，一种是地下水型饮用水水源地的供水安全指数。

供水安全指数可作为准则层，又可作为指标层，选取饮用水源地水质达标率、应急备用水源覆盖比率等为指标。

1.2.1　饮用水源地水质达标率

饮用水源地水质达标率，是指流域内地表水集中式饮用水水源地合格数量占地表水集中式饮用水水源地总数的比率。

1.2.2　应急备用水源覆盖率

应急备用水源覆盖比率，是指应急备用水源地在流域内地表水集中式饮用水源地，面临自然灾害或突发水污染事件等特殊情况引发供水量严重不足或暂时停止供水情况下，能够及时补充或替代常规供水水源并具有完备接入自来水厂的安全供水水源地的覆盖比率。

1.3　人民安居指数

人民安居指数，是指人民群众在幸福河湖沿岸安居乐业的指数。这一指数是基于人民群众对河湖沿岸综合设施和安全的综合评价。这要求幸福河湖建设不仅要从硬件上着手，更要坚持以人民为中心的发展思想，真正确保人民安居。

1.3.1　人民群众河湖安全感

人民群众河湖安全感，是指人民群众对河湖抵御灾害能力和安全服务措施正常运行的安全评价指数。

这一指标来自对河湖排洪防涝能力、供水保证率、洪涝灾后恢复力等方面的综合评价。

2. 富民之河

2.1　水资源优质指数

水资源优质指数是指河湖保持生命活力的基础指数和重要内容，是检验人民群众饮水用水乐水的基本方法，与居民生活幸福指数、经济社会发展指标密切相关。

水资源优质指数既可作为准则层，又可作为指标层，选取水旅产品融合指数、水资源支撑绿色发展能力指数作为指标。

2.1.1　水旅产品融合指数

实施水旅产品融合，要本着“建设幸福河湖，营造美丽风景，带动水旅产业”的思路，实现水景区为民、水产业富民，使“水旅产品”集中实现时代价值。同时，协调推进河湖景区与沿岸经济社会发展，实现景观区、旅游区和生态恢复区协同发展，提升水旅融合的深度和广度。

2.1.2　水资源支撑高质量发展指数

水资源支撑高质量发展指数是指以水资源为刚性约束，以时代高质量发展为指引，为推动转型升级和优化配置而不断提升的水资源高效支撑经济发展的能力指数。

通常情况下，衡量水资源支撑高质量发展指数，以水资源开发利用率、万元GDP用水量作为参数。

2.2　人水和谐指数

人水和谐指数是指人文系统与水系统相互协调的良性循环的状态，即在不断改善水系统自我维持和更新能力的前提下，使水资源能够为人民群众的生活和经济社会的可持续发展提供可持续的支撑和保障。

人水和谐是人与自然和谐相处的重要问题，也是新时期治水思路的根本要求。构建人水和谐量化评价指标体系框架，运用人水和谐量化理论对幸福河湖进行人水和谐指数评价。

2.2.1　居民生活福祉指数

居民生活福祉指数是以流域内城乡居民宜居宜业宜游和共同富裕为目标，采集人均国内生产总值、居民平均预期寿命等作为参数。

2.2.2　流域内万元GDP用水量

这一指标表征水资源集约利用水平，反映了水资源对区域国内生产总值的影响，评估以行政区为样本采集单元，根据流域内各行政区国内生产总值与取水总量比值计算，不同行政区内河流长度作为权重，各行政区河段结果叠加后得到该河流万元GDP用水量。将结果与当年各省万元GDP用水量进行对比排序，设定赋分标准。

3. 宜居之河

3.1　河湖宜居指数

河湖宜居指数可为准则层，又可为指标层。选取水质优劣程度、水资源丰度指数作为指标。

3.1.1　水体透明清澈度

水体透明清澈度是指光透入河湖水中依据深浅而呈现的清澈透明程度，用以表征水中悬浮物含量的多少，是反映河湖水质的重要指标。

3.1.2　水量丰沛指数

水资源丰度指数，亦即一定流域水资源丰度指数，是综合反映一定流域水环境水质与水量的指标，可以用来比较不同区域水环境和水资源状况。

水资源丰度指数评价的基本思路：水资源是水质和水量的统一体。没有水量，就没有上水质，就没有符合要求的水质。

3.2　居民亲水指数

居民亲水指数是指以围绕幸福河湖内涵，以碧道、湿地公园、水利风景区等滨水公共空间为主要评价对象，从安全通畅、生态健康、体验舒适、管护得当、示范引领等多个维度所构建的指标。

居民亲水指数作为准则层，选取滨水空间亲水性、亲水便捷满意指数为指标。

3.2.1　滨水空间亲水性

滨水空间是指滨临河湖水体的空间区域，是河湖流域最具魅力的公共空间之一。该类空间是当前幸福河湖建设的重要区域和日益稀缺的环境资源，具有重要的自然生态价值与社会使用价值。

建设幸福河湖已经能够科学地控制水的四季涨落特性，因而滨水空间的亲水性成为可能。如何让人与水进行直接接触，是幸福河湖建设在规划阶段应着重研究的内容。

3.2.2　亲水便捷满意度

亲水便捷满意度是指公众在河湖滨水空间进行亲水体验式感到的亲水设施方便和舒适程度满意度。作为公共空间的有机组成部分，力求将公园、广场、栈道等设施建成共享空间，凸显安全性、舒适性，没有机动车与非机动车之间的影响和干扰，能够确保步行系统的便捷畅通。

4. 生态之河

4.1　生态河湖环境指数

4.1.1　河湖纵向连通性

河流纵向连通性是指在河流系统内生态元素在空间结构上的纵向联系，反映水利水电工程建设对河流纵向连通的干扰状况。

河流纵向连通性指数采用公式计算赋分。

4.1.2　生态流量保证率

生态流量保障率，亦即河流生态流量保证程度，是指为维持河流生态系统的不同程度生态系统结构和功能必须维持的流量过程。

生态流量保障程度可以通过断面生态基流满足程度表征，采用评价断面生态基流目标值满足天数占评估年总天数的百分比。

4.1.3　水功能区达标率

水功能区达标率是指水质达标的水功能区占评价的水功能区比例。水功能区是为满足水资源合理开发和有效保护的需求，在相应水域按其主导功能，划定并执行相应质量标准的特定区域。

水功能区水质目标按水功能二级区划执行相应的水质标准。

4.2　河湖生物完整性指数

4.2.1　岸带生物丰富性

岸带生物丰富性是指在河湖岸带异质性较高、相对开放的区域，适于多种生物生长，形成生物群落，从而呈现出多样性丰富性的系统特征。

该指标是根据幸福河湖建设情况，对河湖岸带生物丰富性进行评价检验的一项内容。

4.2.2　水生生物完整性

水生生物完整性，即是水生生物得到保护而呈现的生态系统完整性。水生生物完整性主要包括鱼类、大型底栖无脊椎动物、水生植物等多样性和完整性状况，也包括评估外来物种入侵情况，至少应调查评价鱼类保有指数和外来物种入侵状况。

4.3　生态河湖满意指数

生态河湖满意指数可为准则层，又可为指标层。选取水土保持率、河湖重要生境保留率、自然岸线保有率等作为指标。

4.3.1　水土保持率

水土保持率是反映水土保持总体状况的宏观管理指标，是水土流失预防治理效果和自然禀赋水土保持功能在空间尺度的综合体现，是指评价区域内水土保持状况良好的面积（非水土流失面积）占该区域面积的百分之比率。

数据来自相关统计，指标值计算方法按照公式进行，水土保持率据此赋分。

4.3.2　自然岸线保有率

自然岸线保有率是指河湖自然岸线长度占河湖岸线总长度的比率。由于自然岸线包括天然的或整治修复后具有自然形态特征和生态功能的水体岸线，所以，这一指标的提出有利于促进科学地开展生态修复，增强河湖岸线连通性，构建近岸地带物种栖息地，为生物多样性保护提供良好自然条件，努力实现“人水和谐”。

5. 文化之河

水文化是指以水和水事活动为载体，所创造的以水为核心的文化现象总和。亦可以说，水文化是以水为核心的文化集合体。从形式上讲，水文化资源包括水形态、水工程、水工具、水环境、水景观等。

5.1　水文化资源保护指数

水文化资源保护指数可作为准则层，也可作为指标层。选取水文化资源、水利遗产保护指数，水文化资源展示与体验指数，水文化传播影响力指数等作为指标。

5.1.1　水文化资源、水利遗产保护指数

水文化资源、水利遗产保护指数，是指以水和水事活动为载体，遗留下来的水工程、水工具、水环境、水景观及水利遗产等得到有效保护的情况。

5.2　水文化弘扬传承指数

水文化弘扬传承指数可作为准则层，也可作为指标层，主要选取先进水文化传承指数、水文化创造创新指数为指标。

5.2.1　先进水文化传承指数

先进水文化传承指数，主要基于所设定区域内的水文化遗产、水文化博物馆、水利展览馆等传承项目的品质、规模和等级等进行评价。其计算方法可采取水文化遗产、水文化博物馆、水利展览馆等传承项目数量与弘扬传承能力进行测算。其中，采集水文化传承能力的参数，主要依靠人员数量、容纳人员数量及公益活动数量等获取。

5.2.2　先进水文化公众参与指数

水文化公众参与指数可作为准则层，也可作为指标层。主要选取水文化公众认知参与度和水文化宣传公众满意度等作为指标。

6. 智慧之河

6.1　河湖岸线管控

6.1.1　水域岸线空间管控率

水域岸线空间管控率是指按照水利部实施《关于加强河湖水域岸线空间管控的指导意见》而构建的河湖水域岸线空间管理保护格局，以水域岸线空间管控边界、水域岸线用途管制、水域岸线监管的能力提升为指标。

6.2　智慧河湖指数

6.2.1　河湖管理智慧化水平

河湖管理智慧化水平是指为加强河湖动态管理而采用并实现的信息化、智能化、智慧化水平。利用“全国水利一张图”及河湖遥感本底数据库，及时将河湖管理范围划定成果、岸线规划分区成果、涉河建设项目审批信息上图入库，实现动态监管。

六、幸福河湖建设路径概总

总的来说，幸福河湖建设要达到河流生态保护与经济社会高质量发展之间的平衡，实现人水和谐发展，造福人民。围绕着幸福河湖建设目标与实施原则、幸福河湖的考核评价体系，可概括出幸福河湖建设的路径如下：

（1）持久水安全，确保河湖安澜。按照两年应急修复、五年消除隐患、十年总体达标、二十年江河安澜的目标要求，着力构建标准高、配套协调的防洪减灾工程体系。巩固提升流域防洪标准，完善流域与城区、乡村相协调的工程体系，增强水利工程调度管理能力，健全灾害预防与应急的全程安全机制，确保河湖安澜、人民幸福。

（2）坚持以人为本，完善河湖水系连通。量水而行，以供定需，通过合理配置和科学调度，全面满足人民生活、经济发展用水需求。完善河湖水系调配网络，确保国家战略目标实现。强化水源地保护，优化水源地布局，完善双源供水与应急备用水源地互济（剂）互补的供水格局，建立从水源地到水龙头的供水安全保障体系；推进农村供水保障工程，巩固提升城乡一体的“同水源、同管网、同水质、同服务”供水格局。试点推进“安全直饮、稳定供应、口感良好、有益健康”的高品质供水体系建设。

（3）优化空间布局，构建优美河湖环境。强化水污染源头控制、过程截污和末端治理，同步推进以末端治理为主向以源头防治为主转变，持续提升污水收集和处理效能，持续减少入河入湖污染物总量。优化空间布局，调高调轻调优调强产业结构，大力开展各类污染源治理。优化水系格局，提高水环境容量。强化河湖治理保护，推动水生态环境质量明显改善，实现沿河沿湖各类污染源全面清零，促使城乡水体透明度明显提高。

（4）探索全域管理模式，加强河湖生态修复。切实加强河湖生态整体性保护、系统性治理，探索河湖流域化管理模式，水陆兼治、流域同治、全域善治。优化生产、生活和生态岸线结构，打造临水、悦水、亲水的宜居家园。采用自然与人工相结合的方式，充分发挥自然系统修复作用，加快滨河滨湖生态湿地建设，完成对生态脆弱河湖和地区的水生态修复，促进水域功能有效发挥，形成空间融合、功能协调的健康生态体系。

（5）科学利用河湖资源，推动节水型社会建设。坚持在保护中发展，在发展中保护，构建与河湖资源相适应的经济结构、产业布局和生产方式。全面实施国家节水行动，推进节水型社会建设，加大水价水权改革力度，提高水资源节约集约利用水平，促进产业转型升级，提高河湖在经济社会发展中的附加值。

（6）打造优秀水文化，传承河湖文化。以中华优秀水文化为核心，弘扬优秀水文化，构建河湖文化，延续历史文脉，提高文化自信。打造河湖文化教育基地，建设河湖文化公园和亲水乐水载体建设，使河湖文化遗存得到有效保存，现代河湖文化形态不断呈现，强化河湖文化在水文化传承弘扬中的地位。

附录 A

水利部办公厅关于开展幸福河湖建设的通知

办河湖〔2022〕114 号

江苏省、浙江省、安徽省、福建省、江西省、广东省、重庆市水利厅（局），河长制办公室：

为深入贯彻落实习近平生态文明思想和习近平总书记关于建设造福人民的幸福河的重要指示精神，推动河湖长制“有名有责”“有能有效”，持续改善河湖面貌，进一步增强人民群众获得感、幸福感、安全感，水利部决定开展幸福河湖建设。现将有关事项通知如下。

一、总体目标

用一年左右时间，通过实施系统治理和综合治理，按照“防洪保安全、优质水资源、健康水生态、宜居水环境、先进水文化”的目标，实现河畅、水清、岸绿、景美、人和，打造人民群众满意的幸福河湖。

二、建设方式

（一）选择标准

每个省（直辖市）安排1条河或1个湖开展幸福河湖建设，原则上在一个省级行政区内，选择流域面积1000km^2以下、水域自然禀赋好的河流或面积大于1km^2的城市湖泊，河流的主要河段应流经城镇等人口相对密集区域，每条（个）河（湖）可跨县级行政区域。

（二）主要内容

以习近平新时代中国特色社会主义思想为指导，以增进人民群众的获得感、幸福感、安全感为落脚点，坚持“绿水青山就是金山银山”理念，突出流域治水单元，坚持河流整体性和流域系统性，坚持综合治理、系统治理、源头治理，提升江河湖泊生态保护治理能力，提升江河湖泊生态价值，助推流域经济发展、居民生产生活水平提高，根据河湖自然禀赋和现实状况，因地制宜、分类施策开展幸福河湖建设，让河湖保护治理水平和人民生活水平、幸福指数同步提升。建设内容包括但不限于：

1. 河湖系统治理。统筹考虑水环境、水生态、水资源、水安全、水文化和岸线保护修复，大力推进河湖综合整治、河湖空间带修复、生态廊道建设等。

2. 管护能力提升。完善“一河（湖）一策”，开展河湖健康评价，建立健全河湖健康档案，夯实河湖保护治理管理基础，强化数字孪生流域建设，加强卫星遥感影像应用，探索创新河湖巡查管护模式等，建立务实管用的河湖管护长效机制。

3. 助力流域发展。挖掘河湖生态价值，依托河湖独特自然禀赋，探索河湖生态产品价值实现机制，带动区域人民群众就近致富，形成良性发展机制。

（三）实施程序

一是项目竞争立项。有关省（市）组织符合选择标准的河（湖）进行申报，通过竞争立项的方式筛选出1条（个）河（湖），制定《幸福河湖建设实施方案》，明确建设目标、确定主要任务、提出实施计划、细化投资估算、分析预期效益以及落实保障措施等。

二是组织项目实施。水利部组织对选定河湖的《幸福河湖建设实施方案》进行审查，有关省（市）按审查意见修改完善《幸福河湖建设实施方案》，由省级河长办印发组织实施，并报水利部备案。同时，组织有权威性的第三方机构同步跟踪评估幸福河湖建设工作，在建设任务完成后及时组织验收，并将验收报告报送水利部。

三是开展评估总结。水利部组织流域管理机构等有关单位对项目实施效果进行评估，总结形成可复制可推广的经验、做法，进一步支撑幸福河湖建设。择机对建设成效显著、做法典型先进、经验总结到位的河湖通过召开会议、媒体宣传、学习交流、印发简报等形式进行宣传和推广，强化引领带动，凝聚社会共识，营造全社会关心、支持、参与幸福河湖建设工作的良好氛围。

（四）支持方式

中央补助资金使用要严格执行水利发展资金相关管理制度规定。为避免重复安排资金，安排建设任务的河湖原则上不在2021年度国务院督查激励予以奖励的市（县）范围内选取。

三、有关要求

建设幸福河湖事关习近平总书记的重要指示落实落地，各级河长湖长要高度重视，精心组织安排。省级河长办要切实履行组织、协调、督办职责，主动协调本省（市）财政等有关部门，密切配合，形成工作合力；要协调河湖所跨不同行政区域同步实施项目，协调解决建设过程中的重大问题；要对幸福河湖建设实行项目管理，逐河建立完善“一河（湖）一档”，建立健康档案，建立工作台账及时掌握工作进度，保证工作质量，推动本地区幸福河湖建设全面有序开展。

水利部办公厅

2022年4月15日

附录 B

水利部办公厅关于开展 2023 年幸福河湖建设的通知

办河湖〔2023〕128 号

吉林、江苏、浙江、安徽、福建、江西、河南、湖北、湖南、广东、重庆、四川、云南、西藏、陕西省（自治区、直辖市）水利厅（局）、河长制办公室：

为深入贯彻落实习近平生态文明思想，践行习近平总书记发出的建设造福人民的幸福河的伟大号令，持续改善河湖面貌，进一步增强人民群众获得感、幸福感、安全感，水利部决定开展 2023 年幸福河湖建设。现就有关事项通知如下。

一、实施范围

经省级推荐，水利部组织专家评审、部务会审议，选择吉林省延吉河（烟集河）、江苏省长漾、浙江省浒溪、安徽省龙子湖、福建省池湖溪、江西省长崚河、河南省崔家沟—西洺河、湖北省莺河、湖南省湄江、广东省莲阳河、重庆市桃花溪、四川省芙蓉溪、云南省茈碧湖、西藏自治区中曲、陕西省金陵河等 15 条（个）河流（湖泊）开展 2023 年幸福河湖建设。

二、总体目标及主要建设内容

（一）总体目标

以习近平新时代中国特色社会主义思想为指导，牢固树立绿水青山就是金山银山的理念，用一年左右时间，建设安澜、健康、智慧、文化、法治、发展的幸福河湖，持续提升人民群众的获得感、幸福感、安全感。

（二）主要建设内容

包括但不限于：岸坡整治和生态护坡护岸；河湖管护必需的智慧监管设施；在严格保护河湖水域岸线空间、生态环境安全前提下，建设必要的便民利民亲水设施；开展水文化保护传承与挖掘创新；构建河湖管护长效机制；优化河湖资源配置，挖掘河湖生态价值。

三、实施程序

一是编制实施方案。省级水行政主管部门组织有关地方在此前申报的

《2023年幸福河湖建设项目任务书》的基础上，按照《幸福河湖建设项目实施方案编制指南》（附后）编制《幸福河湖建设项目实施方案》，5月15日前报送水利部审核，按照有关意见修改完善后印发组织实施。

二是跟踪项目实施。水利部将组织跟踪督导幸福河湖建设工作，省级水行政主管部门在建设任务完成后要及时组织验收，并将验收报告报送水利部。

三是开展评估总结。水利部组织对项目实施效果进行评估，总结形成可复制可推广的经验、做法，进一步支撑幸福河湖建设。

四、保障措施

（一）加强组织领导。省级水行政主管部门要高度重视，结合当地实际，精心组织安排。有关河湖的河长湖长要切实履行组织领导职责，协调解决建设过程中的重大问题，进行督促检查，确保组织到位、责任到位、保障到位。有关地方水行政主管部门要抓好工作的组织协调，把握工作进度，保证工作质量，确保按期保质完成《幸福河湖建设项目实施方案》确定的目标任务。

（二）加大支持力度。水利部商财政部从中央水利发展资金中安排部分资金支持幸福河湖建设。省级水行政主管部门要进一步压实责任，按照《幸福河湖建设项目实施方案》确定的资金筹措方案，主动协调本省（自治区、直辖市）财政等有关部门，积极争取加大地方资金支持力度，地方支持资金不得少于《2023年幸福河湖建设项目任务书》提出的地方配套资金量；引导和推动社会资金投入，协调解决建设过程中的重大问题。

（三）规范资金使用。省级水行政主管部门要确保幸福河湖建设项目内容规范、资金安全，要严格执行提交的对幸福河湖建设项目实施内容及资金使用的承诺，中央水利发展资金支出的项目建设内容要严格执行《水利发展资金管理办法》明确的支出范围，不得用于征地移民、城市景观、财政补助单位人员经费和运转经费、交通工具和办公设备购置等经常性支出以及楼堂馆所建设支出等，不得与中小河流治理、水系连通及水美乡村建设、生态清洁小流域等其他使用中央水利发展资金的实施内容重复。

（四）强化宣传引导。水利部将对通过评估的幸福河湖在全国范围内予以公布，通过召开会议、媒体宣传、学习交流、印发文件简报等形式进行成果经验的总结和推广。各地要坚持正确舆论导向，及时总结并宣传幸福河湖建设工作举措和成果，强化示范带动，凝聚社会共识，营造全社会关心、支持、参与幸福河湖建设的良好氛围。

水利部办公厅

2023年4月20日

附录 C

幸福河湖建设项目实施方案编制指南

办河湖〔2023〕128 号

为推动河湖长制“有名有责”“有能有效”，建设造福人民的幸福河湖，根据水利部关于开展幸福河湖建设的部署安排，提出以下实施方案编制提纲供参考，地方在编制实施方案时应包含提纲规定的全部内容，并可结合当地实际纳入其他与幸福河湖关系密切的建设内容。

一、总体思路

（一）指导思想

以习近平新时代中国特色社会主义思想为指导，深入贯彻落实习近平生态文明思想和习近平总书记关于建设造福人民的幸福河的重要指示精神，坚持“绿水青山就是金山银山”理念，遵循河流整体性和流域系统性，坚持综合治理、系统治理、源头治理，因地制宜、分类施策开展幸福河湖建设，大力提升江河湖泊水安全、水资源、水生态、水环境、水文化水平，助推流域经济发展、居民生产生活水平提高，同步提升河湖保护治理水平和人民生活水平、幸福指数，不断增强人民群众的获得感、幸福感、安全感。

（二）基本原则

提出幸福河湖建设应坚持的基本原则，如坚持以人为本、保障安全；坚持生态优先、绿色发展；坚持系统治理、综合施策；坚持因地制宜、突出特色；坚持人水和谐、助力发展等，指导幸福河湖建设工作高效开展。

（三）形势要求

从国家大政方针、河湖管护需要、幸福河湖建设意义、本地实际等方面叙述。

二、现状与评估

（一）基本情况

在系统收集河湖相关基础资料和开展必要调研的基础上，简述河湖基本情况。

1. 河湖水系。介绍河湖基本情况，上下游、左右岸、重要支流情况，水功能区划情况等。

2. 自然地理。介绍河湖所在区域地形地貌、地质构造、土壤植被等。

3. 水文气象。介绍河湖所在地区的气候气象、水文水资源等。

4. 水利工程。介绍河湖所涉及的堤防、水库、闸坝、灌区、取水口等水利工程。

5. 文化旅游。介绍涉及的河湖文化内容、旅游资源及开发情况等。

6. 社会经济。介绍河湖所属地区社会经济基本情况。

（二）现状评估

从水安全、水资源、水环境、水生态、水文化、河湖管护、流域区域发展等方面，结合河湖健康评价、"一河（湖）一策"实施开展情况，分析评价河湖现状情况、比较优势、示范性及管理保护成效。

（三）存在问题

根据现状调查评价成果，对表对标生态文明建设和幸福河湖建设要求，从水安全、水资源、水环境、水生态、水文化、河湖管护、流域区域发展等方面，分析河湖当前存在的主要问题及成因，提出对应问题清单。

三、建设目标

统筹考虑具体河湖所在区域经济社会发展需要、建设需求与投资规模，与流域综合规划、水资源综合规划、防洪规划、河湖整治规划、岸线保护利用规划、采砂规划等水利规划以及当地经济社会发展规划、国土空间规划、城市总体规划等规划相衔接，从河湖系统治理、河湖管护能力提升、助力流域区域发展等方面，提出纳入建设范围的河湖的建设目标，明确幸福河湖建设水平要求。

四、建设任务

针对已确定的幸福河湖建设目标，结合本地实际情况，按照以下 3 个方面（包含但不限于）分别提出重点建设任务。

一是河湖系统治理。主要是岸坡整治和生态护坡护岸、水资源集约节约利用、水文化保护传承与挖掘创新，兼顾水生态环境治理、水源涵养与水土保持等。

二是提升管护能力。主要是管理与保护范围划定及界桩埋设、智慧监管设施建设、河湖健康评价、河湖管护长效机制构建等。

三是助力流域区域发展。主要是在严格保护河湖水域岸线空间、生态环境安全前提下，建设必要的便民利民亲水设施；优化河湖资源配置，挖掘河湖生态价值，打造以河湖水系为依托的绿色产业链、生态农业带、优质服务业体系，推动生态产品价值实现，带动区域人民群众就近致富、反哺河湖管护资金需求，形成良性发展机制。

五、资金投入

（一）投资估算

根据国家和有关部门相关费用标准、定额和材料预算基价估算各项措施投资，明确项目投资和各分项措施投资。投资估算价格水平统一到前一年度第四季度价格水平。如涉及征地移民费用，不纳入实施方案投资，由地方另行筹资实施。

（二）资金筹措方案

明确项目资金筹措方案，资金来源可包括地方自筹（县级自筹资金、市级补助资金、省级补助资金）、中央补助资金，引入金融及社会资金等。实施方案中应明确中央财政水利发展资金支持的项目建设内容。河湖生态价值挖掘、工业农业服务业发展等不属于中央财政水利发展资金支出范围的治理措施，应通过地方多渠道筹集资金安排解决。关于多渠道筹措建设资金、创新融资模式、整合相关渠道资金情况应重点介绍。

六、组织实施

（一）项目管理

说明项目实施的组织结构、人员组成及项目推进机制，应从组织实施方式、实施形象进度、工程质量、工程验收等方面，明确工程建设有关要求。围绕不同河段特点、管护任务，从项目顺利实施、长效运行的角度，提出工程建设管理要求、建后管护机制、管护经费来源等建管制度及措施。管护机制创新情况应重点介绍。

（二）进度安排

统筹考虑投资规模和资金来源，对照河湖现状问题与目标任务，按照建设项目的重要性、紧迫性，结合项目前期工作情况，科学提出幸福河湖建设进度计划表。中央补助资金对应的建设任务，2023年年底前形象进度应达到100％。

七、预期效果评估

说明项目实施的预期效果，对河湖管理保护、幸福河湖建设的促进作用进行预评估。从水安全、水资源、水环境、水生态、水文化等方面，描述河湖系统治理预计提升水平；从组织体系、长效管护、数字化建设等方面，描述河湖管理能力预计提升水平；从挖掘河湖生态价值，改善区域居民环境、带动就近致富等方面，描述幸福河湖助力流域区域发展预计提升水平。总体评价项目的预期生态效益、经济效益和社会效益（不局限于上述内容）。具备条件的，可尽量量化相关预期效果。

八、保障措施

河湖所在市、县应从加强组织领导、积极筹措资金、强化监督考核、发挥示范引领作用、加大宣传力度等方面，提出保障幸福河湖建设工作顺利实施的有关措施。

九、附图附表

（一）附件。附位置图、水系图、水利工程图、水功能区划图、布局图、幸福河湖效果图等（略）。

（二）附表。附幸福河湖建设相关表格（略）。

水利部办公厅

2023年4月21日

参 考 文 献

[1] 靳怀堾，尉天骄. 中华水文化通论 [M]. 北京：中国水利水电出版社，2015.

[2] 曾光宇，王鸿武. 水利：坚持节水优先，建设幸福河湖 [M]. 昆明：云南大学出版社，2021.

[3] 董力. 适应新时代水利改革发展要求 推进幸福河湖建设论文集 [M]. 武汉：长江出版社，2021.

[4] 中国水利水电科学研究院. 中国河湖幸福指数报告 2020 [M]. 北京：中国水利水电出版社，2021.

[5] 侯永志，何建武，卓贤作，等. 黄河流域生态保护和高质量发展总体思路和战略重点 [M]. 北京：中国发展出版社，2021.

[6] 中共中央宣传部，中华人民共和国生态环境部. 习近平生态文明思想学习纲要 [M]. 北京：人民出版社，2022.

[7] 樊丽明. 黄河流域生态保护和高质量发展年度报告（2021）[M]. 济南：山东大学出版社，2022.

[8] 水利部编写组. 深入学习贯彻习近平关于治水的重要论述 [M]. 北京：人民出版社，2023.

[9] 马斯洛. 动机与人格 [M]. 陈海滨，译. 南昌：江西美术出版社，2021.

[10] 唐克旺. 水生态文明的内涵及评价体系探讨 [J]. 水资源保护，2013，29（4）：1-4.

[11] 习近平. 在黄河流域生态保护和高质量发展座谈会上的讲话 [J]. 水资源开发与管理，2019（11）：1-4.

[12] 纪平. 让每条河流都成为造福人民的幸福河 [J]. 中国水利，2019，（20）：1.

[13] 鄂竟平. 谱写新时代江河保护治理新篇章 [J]. 水利发展研究，2020，

20 (1)：1-2.

[14] 陈茂山，王建平，乔根平．关于“幸福河”内涵及评价指标体系的认识与思考 [J]．水利发展研究，2020，20 (1)：3-5.

[15] 左其亭，郝明辉，马军霞，等．幸福河的概念、内涵及判断准则 [J]．人民黄河，2020，42 (1)：1-5.

[16] 王浩．水环境水生态安全保障战略与技术为打造幸福河提供支撑 [J]．中国水利，2020 (2)：21，25.

[17] 鄂竟平．坚定不移践行水利改革发展总基调加快推进水利治理体系和治理能力现代化：在2020年全国水利工作会议上的讲话 [J]．水利建设与管理，2020，40 (3)：1-20.

[18] 王平，郦建强．“幸福河”内涵与实践路径思考 [J]．水利规划与设计，2020 (4)：4-7，115..

[19] 韩宇平，夏帆．基于需求层次论的幸福河评价 [J]．南水北调与水利科技（中英文），2020，18 (4)：1-7，38.

[20] 鄂竟平．坚持节水优先建设幸福河湖：写在2020年世界水日和中国水周之际 [J]．中国水利，2020 (6).

[21] 谷树忠．关于建设幸福河湖的若干思考 [J]．中国水利，2020，(6)：13-14，16.

[22] 吕彩霞，韦凤年．深挖节水潜力 共筑幸福江河：访中国工程院院士王浩 [J]．中国水利，2020，(6)：1-4.

[23] 李云，戴江玉，范子武，等．河湖健康内涵与管理关键问题应对 [J]．中国水利，2020，(6)：17-20.

[24] 朱法君．“幸福河”是治水模式的理念升级 [J]．中国水利，2020，(6)：21-22.

[25] 唐克旺．对“幸福河”概念及评价方法的思考 [J]．中国水利，2020，(6)：15-16.

[26] 赵建军．建设幸福河湖实现人水和谐共生 [J]．中国水利，2020，(6)：11-12.

[27] 曹金萍．建设生态美丽幸福河助力人水和谐中国梦 [J]．中国水利，2020，(6)：24-25.

[28] 胡玮．幸福河湖建设中的河长制湖长制作用 [J]．中国水利，2020

(8)：9－11.

［29］ 鞠茂森. 建设幸福河湖的公众参与实践与探索［J］. 中国水利，2020(8)：12－16.

［30］ 孙继昌. 全面落实河长制湖长制打造美丽幸福河湖［J］. 中国水利，2020，(8)：1－3，6.

［31］ 苏铁. 幸福河建设必须重视和加强水文基础支撑能力建设［J］. 中国水利，2020，(11)：35－37.

［32］ 李先明. 幸福河的文化内涵及其启示［J］. 中国水利，2020，(11)：55－59.

［33］ 孟帆. 强化生态流量保障建设广东幸福河湖［J］. 中国水利，2020(15)：72－74.

［34］ 幸福河研究课题组. 幸福河内涵要义及指标体系探析［J］. 中国水利，2020，(23) 1－4.

［35］ 左其亭，郝明辉，姜龙，等. 幸福河评价体系及其应用［J］. 水科学进展，2021，32 (1)：45－48.

［36］ 夏继红，祖加翼，沈敏毅，等. 水利高质量发展背景下南浔区幸福河湖建设探索与创新［J］. 水利发展研究，2021，21 (4)：69－72.

［37］ 王子悦，徐慧，黄丹姿，等. 基于熵权物元模型的长三角幸福河层次评价［J］. 水资源保护，2021，37 (4)：69－74.

［38］ 马兆龙，徐伟. 建设"幸福河"的哲学思考［J］. 水利发展研究，2021，21 (5)：42－45.

［39］ 柳长顺，王建华，蒋云钟，等. 河湖幸福指数：富民之河评价研究［J］. 中国水利水电科学研究院学报，2021，19 (5)：441－448.

［40］ 陈茂山. 贯彻新发展理念系统推进河湖治理保护［J］. 中国水利，2021，(6)：60－61，51.

［41］ 刘蒨. 对构建幸福河评价指标体系的思考［J］. 水利经济，2021，39 (6)：31－35，78－79.

［42］ 姚毅臣. 以强化河湖长制为抓手推进幸福河湖建设［J］. 水利发展研究，2021，21 (9)：48－50.

［43］ 习近平在深入推动黄河流域生态保护和高质量发展座谈会上强调　咬定目标脚踏实地埋头苦干久久为功　为黄河永远造福中华民族而不懈

奋斗　韩正出席并讲话 [J]. 水利建设与管理，2021，41 (11)：1－3.

[44] 李国英. 强化河湖长制建设幸福河湖 [J]. 水资源开发与管理，2021，(12)：1－2.

[45] 张瑜洪，付健. 推动河湖管理高质量发展：访水利部河湖管理司司长祖雷鸣 [J]. 中国水利，2021，(24)：19－20，25.

[46] 姚燕玲. 基于"幸福河"内涵及评价指标体系的认识与思考 [C] //董力. 适应新时代水利改革发展要求　推进幸福河湖建设论文集. 武汉：长江出版社，2021.

[47] 张冰，伍昕晨. 推进幸福河建设与水文化的几点思考 [C] //董力. 适应新时代水利改革发展要求　推进幸福河湖建设论文集. 武汉：长江出版社，2021.

[48] 赵琳. 幸福河的内涵与评价指标体系研究 [C] //董力. 适应新时代水利改革发展要求　推进幸福河湖建设论文集. 武汉：长江出版社，2021.

[49] 王建婷. 奋力开启高质量发展新征程推进幸福河湖建设 [C] //董力. 适应新时代水利改革发展要求　推进幸福河湖建设论文集. 武汉：长江出版社，2021.

[50] 徐焱焱. 高质量发展共同建设幸福河湖 [C] //董力. 适应新时代水利改革发展要求　推进幸福河湖建设论文集. 武汉：长江出版社，2021.

[51] 赵振峰. 关于推进幸福河湖建设的几点思考 [C] //董力. 适应新时代水利改革发展要求　推进幸福河湖建设论文集. 武汉：长江出版社，2021.

[52] 黄鹏，刘璐. 浅谈"幸福河"高质量发展建议和对策 [C] //董力. 适应新时代水利改革发展要求　推进幸福河湖建设论文集. 武汉：长江出版社，2021.

[53] 丁晓，张晓静，鲁详磊. 浅谈新时期幸福河湖建设 [C] //董力. 适应新时代水利改革发展要求　推进幸福河湖建设论文集. 武汉：长江出版社，2021.

[54] 周艳莉. "幸福河"内涵思考及具体实践 [J]. 城市道桥与防洪，

2022，(1)：103－107，140，17.

[55] 周波，张桂春，周瑶. 江西省建设幸福河湖的成效及经验启示 [J]. 水利发展研究，2022，22 (2)：35－39.

[56] 高鑫旺. 河湖长制在生态环境建设中的意义及具体策略分析 [J]. 甘肃农业，2022，(2)：70－72.

[57] 南昌市水利局. 强力推进河湖长制建设幸福河湖 [J]. 中国生态文明，2022，(5)：24－26.

[58] 狄俊明，武晓梅. 河湖长制与幸福河湖建设 [C] //2022（第十届）中国水生态大会论文集，2022.

[59] 林平，王浩渊. 农村幸福河湖蒋史港河建设经验启示 [J]. 江苏农村经济，2022，(12)：56－57.

[60] 张殷钦，康文健，任政. 基于河湖长制的水环境治理机制路径研究 [J]. 水利水电快报，2022，43 (12)：105－109，115.

[61] 郑恒萍，王科. 坚持生态惠民建设幸福河湖 [J]. 群众，2022，(17)：67－68.

[62] 杨倩，冯玫涵，李晓凌，等. 乡村振兴背景下农村幸福河湖建设的问题与对策研究 [J]. 智慧农业导刊，2022，2 (22)：135－137.

[63] 张瑜洪，戴江玉. 全面强化河湖长制推动建设幸福河湖：访水利部河湖管理司司长陈大勇 [J]. 中国水利，2022，(24)：19－20，31.

[64] 陈茂山，陈涛. 河湖环境治理的实践、成效与路径优化：水利部发展研究中心主任陈茂山访谈录 [J]. 环境社会学，2023，(1)：179－189.

[65] 丁源，姜翠玲. 基于幸福河湖目标的城市河道生态修复技术研究 [J]. 水利规划与设计，2023，(2)：40－45.

[66] 赵虎，陈朱叶，王为木，等. 对基层推进幸福河湖建设的思考：以江苏省张家港市谷渎港为例 [J]. 中国水利，2023，(2)：25－27.

[67] 鞠茜茜，柳长顺. 幸福河评价方法研究进展 [J]. 人民黄河，2023，45 (3)：7－12.

[68] 胡志华，杨向权. 全面强化河湖长制推动建设幸福河湖 [J]. 今日海南，2023，45 (3)：7－12.

[69] 吴佳亮，刘聚涛. 河湖长制背景下江西省推进幸福河湖建设的实践与思考 [J]. 水利发展研究，2023，23 (5)：53－56.

[70] 吕娟，刘建刚，李云鹏，等. 河湖幸福指数：文化之河评价研究 [J]. 中国水利水电科学研究院学报（中英文），2023，21 (6)：537-545.

[71] 鄂竟平. 谱写新时代江河保护治理新篇章 [N]. 人民日报，2019-12-05 (14).

[72] 马林云. 让幸福河滋养浙江大花园 [N]. 中国水利报，2019-12-12 (4).

[73] 岳中明，王浩. 同心同向建设幸福河 [N]. 人民日报，2020-04-24 (5).

[74] 寇江泽，姜峰，侯琳良. 让黄河成为造福人民的幸福河 [N]. 人民日报，2022-09-21 (1).

[75] 河湖管理司打好河湖管理攻坚战建设造福人民的幸福河 [N]. 中国水利报，2020-04-09 (5).

[76] 徐强，刘欣. 构建河湖安全保护新模式保障国家水安全 [N]. 法治日报，2022-10-21 (5).

[77] 赵雪峰. 南岗河：建设流淌岭南文化的幸福河 [N]. 中国水利报，2022-12-29 (3).

[78] 刘春沐阳. 河湖长制促进了人水和谐 [N]. 经济日报，2023-01-28 (7).

[79] 湖州市水利局党组理论学习中心组. 深化河湖长制 建设幸福河湖 [N] 湖州日报，2023-04-18 (A8).

[80] 岳红. 共话河湖长制发展 共谋幸福河湖建设：第二届河湖长制与河湖保护高峰论坛观察 [N]. 中国水利报，2023-09-29 (1).

结　语

幸福河湖建设的理念是先进的，但理论却是滞后的。关于幸福河湖建设的演化逻辑、内涵定义、特征要求、目标体系、实施原则等都需要进一步深入研究，这也是本书去思考和解决的关键问题。

本书以习近平总书记关于幸福河湖的指示批示要求、关于治水的重要论述及习近平生态文明思想为指导，详细梳理了国家法律法规、中央层面关于幸福河湖建设的政策文件，分析了幸福河湖建设的背景意义、演化逻辑，探索幸福河湖的定义、内涵及特征。书中收集整理了我国各地关于幸福河湖建设的相关政策文件，归纳分析全域幸福河湖建设、单条河（湖）幸福河湖建设等不同建设模式的建设成效。从国家层面提出我国实施全面建设幸福河湖战略的近期、中期和远景目标，并提出各战略目标实施的指导意见，以期为我国幸福河湖建设贡献绵薄之力。

建设幸福河湖要首先站在战略高度，深刻认识河湖治理的重要作用，自觉把河湖治理放在中国特色社会主义伟大事业的全局中去谋划和去实践。同时要坚持民生为上、治水为要，始终把人民对美好生活的向往作为出发点和落脚点，从根本上解决人民群众最关心、最直接、最现实的涉水利益问题，不断增强人民群众的获得感、幸福感、安全感。书中结合习近平总书记指示批示及相关法律法规政策文件等要求，凝练了在河湖长制背景下，实施全面建设幸福河湖战略的指导思想。分析了当下河湖生态状况与幸福河湖建设的社会背景，阐述“强化河长制，建设幸福河湖”的时代意义。创新性地总结出习近平总书记关于幸福河湖顶层擘画部署，梳理了总书记首提“造福人民幸福河”、再提“造福人民幸福河”、站位“造福中华民族”伟大号召的思路演化，并对水利部自2020—2023年提出的幸福河湖建设实施指南与建设目标的逻辑理路进行归纳、分析，阐释各个阶段内容的渐进式变化。

幸福河湖建设立足于国家重大战略，作为新时代河湖治理的终极目标，必须准确把握幸福河湖的内涵要义，既要充分考虑河湖造福人民的共性特征和要求，还要充分考虑河湖的区域差异性。书中从实践案例与理论探索两部分归纳出当下形成的幸福河湖相关定义，通过对幸福河湖定义的整体分析，提出了幸福河湖建设的通用定义。按照新时代人民幸福的内涵要义，以及对地方幸福河湖建设实践的分析，概括归纳出幸福河湖的7个核心内涵——安澜、富民、宜居、生态、文化、和谐、智慧，并由幸福河湖的核心内涵推导出幸福河湖的7个特征。

幸福河湖作为河流治理的终极目标，为将幸福河湖的理念更好地应用于河流管理与治理的全过程，从国家层面、流域层面、省级层面、市级层面、县级层面五个层面挑选各类具有典型特征的河流开展相关实例研究，归纳总结分析不同类型不同建设模式幸福河湖建设中的优秀做法，分析其适用性、可推广性以及存在的问题。

河湖长制是高质量建设幸福河湖的制度基础。以河湖长制为平台，全面实施建设幸福河湖战略指导思想，本着推进安全发展、推动绿色发展、加快智慧发展、统筹融合发展、完善体制机制的高质量发展原则，从国家战略高度提出我国幸福河湖建设近期、中期、远期目标。幸福河湖建设要以推动新阶段水利高质量发展为主题，以满足人民日益增长的美好生活需要为根本目的，坚持流域系统治理，统筹发展与安全，按照“水安澜、水资源、水环境、水生态、水文化、水和谐、水管理”七大要素，制定出“持久水安澜、优质水资源、宜居水环境、健康水生态、先进水文化、人与水和谐、智慧水管理”的目标。

建设幸福河湖要建立健全幸福河湖建设成效评估指标体系，指导各地实施河湖系统治理，健全河湖长效管护机制，挖掘幸福河湖建设典型，建设人民满意的幸福河湖。根据幸福河湖的理论要义，兼顾社会经济因素，结合河湖评价及幸福评价的相关理论与实践，坚持问题与目标导向，形成关于幸福河湖的考评指标体系。在开展幸福河湖评价时，必须因地制宜，考虑评价标准的区域差异性、发展阶段差异性等问题，以综合、科学、客观地评价是否为造福人民的幸福河湖。

总之，幸福河湖建设既要遵循社会发展的基本规律，又要尊重人民生活和心理感受，这是我国河湖治理的根本遵循和重要方略。幸福河湖内涵丰富且复杂，是一个需要并值得不断探究的理论与实践命题。